初学者のための
代数幾何

永田雅宜 著

Algebraic Geometry

現代数学社

序

　第1章の最初に述べているように，代数幾何は連立方程式の解の集合の幾何学的性質を調べる学問です．現在，世界で代数幾何の研究をしている学者は多数います．数学のノーベル賞と言われるフィールズ賞を1990年に受賞した森重文氏も，代数幾何の研究によってその賞を受けたのでした．

　現代数学社の要請で，高校生にも代数幾何についての理解の糸口をつかんでいただくために，過去1年間にわたって「高校生のための代数幾何入門」を「Basic数学」に連載してきました．それをまとめて1冊の書物にすることになりましたので，それらに加筆・訂正を加えることにしました．主な変更点は，校正の誤り，不注意による書き誤りなどの修正と，出題されていた問題の解答の概略を付け加えたことです．

　盛り込んだ内容は，代数幾何の本格的勉強に適することよりも，高校生の知識で，代数幾何についての理解の糸口をつかむことを目標にして選びました．本書を一つの基礎として，将来，数学についての広い基礎を身につけてから，本格的な代数幾何の勉強に進まれることを希望します．

　なお，この頃，数学は暗記する学問と理解している高校生が多いようですが，数学は暗記するものではありません．本書の内容についても，読んで覚え込む努力はしないでください．その代わり，何と何がどのような論理関係で結ばれているか，数学のどういうことが図形にどのように影響しているかなど，理論の大まかな組み立てを理解するように努めてください．

　覚え込んでおかないと，前にあった話をすぐ忘れてしまうから，理論の組み立てなんて考えられないと思うかも知れませんが，前にあった話で関係のありそうなところは，ページを戻して，その主な点を確かめるようにするのが良いのです．

　本書の内容に限らず，数学では暗記はしないで勉強しましょう．また，数学では計算が大切と思っている高校生が多いようですが，数学で大切なのは，計算よりも，理論体系の理解です．数学の問題を解く場合，まず計算してみるのでなく，何を考えるべきかを見極めるのが，まずすべき

ことです．計算が必要な場合には，何を計算すべきかを，はっきり見極めてから計算をするようにしましょう．計算の誤りは，検算などで正すことができます．しかし，不要な計算をするのは，時間の浪費です．解き方が誤っていたら，いくら計算能力があっても，その問題は解けません．

　繰り返します：(1) 数学では暗記は排除しましょう．(2) 数学の問題を解く場合，解く方法を見つけるのが重要ですから，解く方法を考えることから始めましょう．解く方法がわからないまま，まず計算してみる，という態度はやめましょう．

　以上のことに留意して，数学の勉強をしてください．

　　　1996 年 3 月

　　　　　　　　　　　　　　　　　　　　　　　　　永田　雅宜

編集部より

　本書は 1997 年に刊行された『高校生のための代数幾何』のタイトルのみを変更したものです．

　現在の高校数学で一般的に扱われない内容を一部含むことから、より幅広い層の読者様に読んでいただきたいと考え、『初学者のための代数幾何』とさせていただきました。代数幾何の概念を学ぶにあたって、本書をひとつの道標としていただければ幸いです。

　　　2020 年 4 月

　　　　　　　　　　　　　　　　　　　　　　　　　現代数学社編集部

目 次

第1章

アフィン平面

　まず，代数幾何というのは，どんなものかの，大まかな説明をしておこう．

　たとえば，平面上で考えれば，方程式 $x^2+y^2=1$ は原点を中心とする，半径1の円を表し，方程式 $x^3+y^3=1$ は，もっと複雑な曲線を表す．3次元空間では，方程式 $x^2+y^2=1$ は xy-平面に垂直な円筒を表し，方程式 x

$+y+z=1$ は空間内の一つの平面を表している．また，次の二つの方程式を連立させれば空間内のある直線を表す．

$$2x+3y+z=0; \quad 3x+y+2z=1$$

このように，平面や空間で座標を考えれば，方程式・連立方程式が図形を表すことになる．代数幾何はそのような図形の幾何学的性質を調べるのが，中心的課題なのである．

考える空間は，平面や3次元空間とは限らないで，もっと高次元の空間も考えるのであるが，この章では平面の場合の話をする．表題で，単に「平面」と言わずに「アフィン平面」とした理由の一つは§1.1で述べる．第2章で述べるように，「射影平面」と呼ばれる平面があり，代数幾何における重要な平面の一つになっていることも理由の他の一つである．

1.1. ユークリッド平面とアフィン平面

高校の数学で平面と言えば，2点間の距離を考えるのは当然とされている．座標を入れて表せば点 (a, b) と点 (c, d) との距離は $\sqrt{(a-c)^2+(b-d)^2}$ である．

このように，距離を考えた平面を**ユークリッド平面**という．それに対し，距離を考えない平面を**アフィン平面**という．

一応，座標としては実数の範囲で考えることにしておく．その意味で，ここでのアフィン平面を**実アフィン平面**と呼ぶことがある．次の節（§1.2）では複素数の範囲で座標を考えることにする．

距離はあるに決まっている．それを考えないというのはどういうことか，という疑問を持つ読者は多いであろうから，なぜ，距離を考えない平面を考えるのかということの説明をしよう．

数学の問題を考えるのに，条件が多い方が考えやすいか，条件の少ない方が考えやすいか？

答は「場合による」であり，条件の少ない方が考えやすい例は多くある．距離を考えない平面を考えるのは，距離という概念に縛られずに考えるた

めである.

　たとえば, 3点が同一線上にあるかどうかという問題の場合, 距離は必要ない. 与えられた5点を通る2次曲線を求める問題でも, 点の座標が $(a_1, b_1), \cdots, (a_5, b_5)$ で与えられていれば, x, y の2次式の一般形 $f(x, y) = c_{20}x^2 + c_{11}xy + c_{02}y^2 + c_{10}x + c_{01}y + c_{00}$ に対し

$$f(a_i, b_i) = 0 \quad (i = 1, \cdots, 5)$$

となるための, 係数 c_{ij} $(i, j \in \{0, 1, 2\})$ についての条件を調べればよいから, 距離を考える必要はない.

　「それならば, ユークリッド平面で, 単に距離を使わないで問題を解けばよい」と思うかも知れないが, ユークリッド平面の座標は軸が互いに直交している**直交座標**で, 座標の目盛りも長さと合ったものでないと, 距離を考えるのに不便であるのに, 距離を忘れているアフィン平面の座標は, 交わる2本の直線を座標軸にして, 座標の目盛りも, それぞれの座標軸の方向ごとに, 長さに比例させればよいという自由度がある. この場合, 座標軸は直交しているとは限らないので**斜交座標**と呼ばれる. というわけで, まずこのような座標について学ぼう.

　平面上に1点Oを決め, それを原点とする. 平面上のともに $\vec{0}$ ではなく, 互いに向きの異なる二つのベクトル $\vec{p}, \vec{q}$ を定める. $\overrightarrow{OA} = a\vec{p} + b\vec{q}$ である点Aの座標は (a, b) であると定める. このようにして定められる座標の仕組みを, **座標系** $(O, \vec{p}, \vec{q})$ と呼ぶ. x軸・y軸というときは, Oを通りベクトル $\vec{p}$ と平行な直線が x 軸で, Oを通りベクトル $\vec{q}$ と平行な直線が y 軸である.

　座標系が定められたアフィン平面において, 1次方程式 $ax + by + c = 0$ $(a, b, c$ は定数, $(a, b) \neq (0, 0))$ は直線を定め, 逆に, 直線は1次方程式の解を表す点の集合としてえられることはよく知られているであろう. また, 次のことも, 証明をここで述べる必要はないであろう.

　定理1.1.1. 　二つの直線 $L_1 : a_1x + b_1y + c_1 = 0$; $L_2 : a_2x + b_2y + c_2 = 0$ について

　(1)　$L_1 = L_2 \Longleftrightarrow a_1 : b_1 : c_1 = a_2 : b_2 : c_2$

(2)　L_1 と L_2 が平行 $\Longleftrightarrow a_1 : b_1 = a_2 : b_2$

異なる座標系の関係については，次のことが言える．

定理1.1.2.　平面において二つの座標系 $(O, \vec{p}, \vec{q})$，$(O', \vec{p}', \vec{q}')$ を考える．座標系 $(O', \vec{p}', \vec{q}')$ における O の座標が (u, v) であって，$\vec{p}' = a\vec{p} + b\vec{q}$，$\vec{q}' = c\vec{p} + d\vec{q}$ であるとする．

(1)　行列 $A = \begin{pmatrix} a & b \\ c & d \end{pmatrix}$ は逆行列 A^{-1} をもつ．

$$A^{-1} = (ad - bc)^{-1} \begin{pmatrix} d & -b \\ -c & a \end{pmatrix}$$

(2)　座標系 $(O', \vec{p}', \vec{q}')$ における座標が (x', y') である点の，座標系 $(O, \vec{p}, \vec{q})$ における座標 (x, y) は次の式で与えられる．

$$(x, y) = (x' - u, y' - v)A$$

証明　(1):　$\begin{pmatrix} a & b \\ c & d \end{pmatrix} \begin{pmatrix} d & -b \\ -c & a \end{pmatrix} = \begin{pmatrix} ad - bc & 0 \\ 0 & ad - bc \end{pmatrix}$

であるから，$ad - bc \neq 0$ であることを示せばよい．$d\vec{p}' - b\vec{q}' = (ad - bc)\vec{p}$ であるから，$ad - bc = 0$ であれば $d\vec{p}' = b\vec{q}'$ となり，$\vec{p}'$, $\vec{q}'$ の向きが異なることに反する．ゆえに $ad - bc \neq 0$ である．

(2):　座標系 (O', p', q') における座標が (x', y') である点をPとすると，ベクトル $\overrightarrow{OP}$ は $x'\vec{p}' + y'\vec{q}' = (x', y')\begin{pmatrix} \vec{p}' \\ \vec{q}' \end{pmatrix}$ である．$\begin{pmatrix} \vec{p}' \\ \vec{q}' \end{pmatrix} = A\begin{pmatrix} \vec{p} \\ \vec{q} \end{pmatrix}$ であるから

$$\overrightarrow{OP} = \overrightarrow{OO'} + \overrightarrow{O'P} = (-u, -v)\begin{pmatrix} \vec{p}' \\ \vec{q}' \end{pmatrix} + (x', y')\begin{pmatrix} \vec{p}' \\ \vec{q}' \end{pmatrix} = (x' - u, y' - v)A\begin{pmatrix} \vec{p} \\ \vec{q} \end{pmatrix}$$

ゆえにPの座標系 $(O, \vec{p}, \vec{q})$ における座標は $(x' - u, y' - v)A$ である．（証明終わり）

注意　上での行列の利用方法は，点の座標が横ベクトルの形に書かれるので，それが保存されるようにしたのである．点の座標を縦ベクトルで書いて行列をかける形を使うこともできる．その場合，$x\vec{p} + y\vec{q} = (\vec{p}, \vec{q})\begin{pmatrix} x \\ y \end{pmatrix}$ を基礎にする．したがって，(2)での式は $\begin{pmatrix} x \\ y \end{pmatrix} = {}^t\!A\begin{pmatrix} x' - u \\ y' - v \end{pmatrix}$ の形になる．ただし，${}^t\!A$ は A の転置

行列 $\begin{pmatrix} a & c \\ b & d \end{pmatrix}$ である.

問　座標系 $(\mathrm{O}, \overrightarrow{p}, \overrightarrow{q})$ における方程式 $f(x, y)=0$ について，次のことを示せ.

(1)　点 O' の座標が (a, b) であれば，座標系 $(\mathrm{O}', \overrightarrow{p}, \overrightarrow{q})$ での方程式 $f(x-a, y-b)=0$ は，もとの座標系での $f(x, y)=0$ と同値である.

(2)　$x'=cx+dy+e$ （c, d, e は定数, $c \neq 0$）とおくとき，$f(c^{-1}(x'-dy-e), y)=0$ は (x', y) を座標とする座標系への座標変換に応じて，もとの方程式 $f(x, y)=0$ を書き換えたものである.

1.2. 複素アフィン平面

実数全体 $\boldsymbol{R}$ を直線と対応させて，数直線と呼んでいるが，それと同様に，複素数全体 $\boldsymbol{C}$ を**複素直線**という．複素数は $z=x+yi$（$x, y \in \boldsymbol{R}$; i は虚数単位）のように，実部・虚部をもつので，$z \longleftrightarrow (x, y)$ の対応で平面と対応することから，**複素数平面**，または，**複素平面**と呼ばれることもあるが，代数幾何の立場では，座標が一つであるから，これを直線として捉えるのである．というわけで，複素直線は，集合としては 2 次元の広がりをもっているものである.

複素数全体 $\boldsymbol{C}$ を座標の範囲に選んで，集合 $\boldsymbol{C}^2 = \{(x, y) \mid x, y \in \boldsymbol{C}\}$ を考える．$\boldsymbol{C}^2$ の各元をその点と呼び，1 次方程式 $ax+by=c$（a, b, c は定数（複素数），$(a, b) \neq (0, 0)$）の解として得られる部分集合を**直線**と定義したとき，$\boldsymbol{C}^2$ を**複素アフィン平面**と呼ぶ．この $\boldsymbol{C}^2$ に次のように距離を定義したとき，$\boldsymbol{C}^2$ は**複素ユークリッド平面**と呼ばれる.

2 点 $\mathrm{P}(a, b), \mathrm{Q}(c, d)$ の距離は $\sqrt{|a-c|^2 + |b-d|^2}$

問　上で $a=a_1+a_2 i$, $b=b_1+b_2 i$, $c=c_1+c_2 i$, $d=d_1+d_2 i$（i は虚数単位で，a_1, a_2, b_1, b_2, c_1, c_2, d_1, d_2 は実数）であるとき，この 2 点 P, Q の距離を a_1, a_2, b_1, b_2 などの実数を使って表せ.

実アフィン平面の場合と同様な座標の導入は次のようにすればよい．2

点 P, Q に対し，ベクトル $\overrightarrow{PQ}$ を実アフィン平面の場合と同様に考える．た
だし，スカラー倍は，複素数倍を考える．成分では，P(a, b), Q(c, d) で，
z が複素数であれば $\overrightarrow{PQ}=(c-a, d-b)$, $z\overrightarrow{PQ}=(z(c-a),\ z(d-b))$.

　二つの $\overrightarrow{0}$ でないベクトル (a, b), (c, d) が**平行** $\Longleftrightarrow$

　　　　　　　　　　　　　　　ある数 z により $z(a, b)=(c, d)$

と定義する．ここで「数」というのは複素数を意味する．1点 O を原点と
定め，$\overrightarrow{0}$ ではなく，互いに平行ではないベクトル $\overrightarrow{p}, \overrightarrow{q}$ を固定して，点 P
の座標は，$\overrightarrow{OP}=e\overrightarrow{p}+f\overrightarrow{q}$ のとき (e, f) であると定めるのである．すると，
次のことは容易にわかるであろう．

　定理1.2.1.　定理1.1.1，1.1.2，およびその後の問は，そのままの文章
で複素アフィン平面に適用される．

　論理的には全く同様でも，集合としてはだいぶん違う．たとえば，直線
の定義式 $ax+by=c$ において，$a\neq0$ であれば，y は任意で，各 y に対し
x が定まり，直線は複素直線と同様に，集合としては2次元の広がりをも
つものである．

　また，複素アフィン平面で2次方程式を考えると実アフィン平面との大
きな違い，すなわち，2次方程式 $ax^2+2bxy+cy^2+dx+ey+f=0$ $(a, b,$
$\cdots, f$ は定数; $(a, b, c)\neq(0, 0, 0))$ が必ず解を持つことがわかる．(2次方程
式に限らず，任意の次数の方程式でも同様である．)

　2次方程式 $ax^2+2bxy+cy^2+dx+ey+f=0$ の係数を連続的に変化さ
せると，曲線も連続的に変化して行くのは当然であろうが，その様子を簡
単な場合に調べてみよう．

　実アフィン平面と複素アフィン平面との比較も含めて調べることにし
て，まず，実アフィン平面で考えよう．

　$x^2+y^2=a$ $(a$ は定数) は $a>0$ ならば半径 $\sqrt{a}$ の円を表す．したがって，
a が正の数の範囲でだんだん小さくなってくると，半径もだんだん小さく
なってくる．$a=0$ になると，1点，すなわち，半径0の円になる．$a<0$ な
らば，図形は消えてしまう．

　では，複素アフィン平面ではどうだろう．x, y が，それぞれ，複素数平面を動くのだから，グラフは 4 次元空間の中で描かれることになるが，4 次元空間の図は想像し難いので，$x = x_1 + x_2 i, y = y_1 + y_2 i$ のように，それぞれ，実部と虚部とに分け，x_1, x_2, y_1, y_2 のうち 3 個を動かしたときを考えよう．また，a としては，簡単のため，実数の範囲で動かそう．

　$x_2 = 0$ としたとき，すなわち，x が実数で，y は複素数値をとるときのグラフ：

　$a > 0$ ならば $|x| \leqq \sqrt{a}$ の範囲には (x_1, y_1)-平面内に原点を中心とする半径 $\sqrt{a}$ の円があり，$|x| \geqq \sqrt{a}$ の範囲には (x_1, y_2)-平面に双曲線 $x_1{}^2 - y_2{}^2 = a$ がある．

　$a = 0$ のときは $x^2 + y^2 = (x + yi)(x - yi)$ であるから，グラフは 2 本の直線になる．x が実数 x_1 であるとしたので，yi も実数でなくてはならないので，y は実部 $y_1 = 0$ である．ゆえにグラフは (x_1, y_2)-平面上にあり，その方程式は $x_1 \pm y_2 = 0$ である．

　$a < 0$ ならば，$y^2 = a - x^2 < 0$ であるから，y は純虚数であり，グラフは (x_1, y_2)-平面上の双曲線 $x_1{}^2 - y_2{}^2 = a$ になる．

　全体を通して見ると，a が大きいときは (x_1, y_2)-平面の双曲線 $x_1{}^2 - y_2{}^2 = a$ に (x_1, y_1)-平面の円 $x_1{}^2 + y_1{}^2 = a$ が挟まれた形のグラフであり，a が小さくなるにしたがって，挟まれた円が小さくなり，同時に，双曲線の頂点が近づいて来る．そして，$a = 0$ になると，それまでの双曲線の 2 本の漸近線が極限と考えられて，2 直線がグラフになる．$a < 0$ になると，(x_1, y_2)-平面の双曲線ではあるが，$a > 0$ のときとは異なった向きをもつ $x_1{}^2 - y_2{}^2 = a$ になる．（この場合 $|y_2|^2 < |a|$ の範囲にグラフがないのは，x が実数値のときだけを考えているからである．グラフの (x_2, y_2)-平面との交わりは，円 $x_2{}^2 + y_2{}^2 = |a|$ で，$a > 0$ のときと同様な状態になっている．）

　x を実数としないで，4 次元の (x_1, x_2, y_1, y_2)-空間でのグラフを類推するには，たとえば，x_2 を固定して x_1, y_1, y_2 がどういうグラフを描くかを知る方法が考えられる．すると，x_2 が 0 に近ければ，上で知ったグラフに近い

形のグラフが得られ，x_2 を変えた場合は，x_2 が連続的に変化するにしたがって，グラフも連続的に変化して行く．

このように，係数を連続的に変えるときに，実アフィン平面では，連続的に変わるとは言いながら，曲線が点になったり，消えてしまったりするのに対し，複素アフィン平面では，本当に連続的に変わって行くのである．

1.3. 2次曲線の分類

ここでは，アフィン平面上で，2次式で定義される曲線を **2次曲線** と定義しよう．

よく知られているように，実アフィン平面での2次曲線は，楕円（円を含む），双曲線，放物線と，2本の直線を合わせたもの（1本の直線を2重にした場合を含む），1点だけ，点がないの6種に分類できる．方程式を座標変換で写した形で述べれば次のようになる．

定理1.3.1. 実アフィン平面における2次曲線

$$c_{20}x^2 + 2c_{11}xy + c_{02}y^2 + 2c_{10}x + 2c_{01}y + c_{00} = 0$$

$$(c_{ik} \text{ は実数; } (c_{20}, c_{11}, c_{02}) \neq (0, 0, 0))$$

は，適当な座標変換をすれば，次のいずれかの形の方程式で定義される．

(1)　$x^2 + y^2 = a$　$(a = 1, -1, 0)$

(2)　$x^2 - y^2 = b$　$(b = 1, -1, 0)$

(3)　$x^2 = y$

(4)　$x^2 = c$　$(c = 1, -1, 0)$

注意1 (1)は $a = 1$ のとき円（楕円），$a = 0$ のとき1点で，(2)は $b \neq 0$ ならば双曲線，$b = 0$ ならば2本の直線，(3)は放物線，(4)は，$c = 1$ のとき2本の直線 $x = \pm 1$ で，$c = 0$ のときは直線 $x = 0$ を2重に考えたものである．その他の場合は点がない場合である．

証明 （Ⅰ）$c_{20} \neq 0$ のとき：式を c_{20} で割り，$c_{20} = 1$ としてよい．$x^2 + 2c_{11}xy + c_{02}y^2 + 2c_{10}x = (x + c_{11}y + c_{10})^2 + (c_{02} - c_{11}^2)y^2 - c_{10}^2$ であるから，x の代わりに $x + c_{11}y + c_{10}$ を考える座標変換により，$c_{11} = 0$，$c_{10} = 0$ と

してよい．したがって，

$$x^2+by^2+2cy+d=0$$

の形の方程式になる．ここで，$b>0$，$b=0$，$b<0$ の場合に分ける．

$b>0$ ならば，y の代わりに $\sqrt{b}\cdot y$ を考えることにより，$b=1$ としてよい．$y^2+2cy=(y+c)^2-c^2$ であるから，上と同様にして $c=0$ としてよいから，$x^2+y^2=d$ の形の式になる．$d\neq0$ ならば x,y の代わりに，それぞれを $\sqrt{d}$ または $\sqrt{-d}$ で割って(1)の場合を得る．

$b=0$ のとき：$c\neq0$ ならば，(3)の場合に，$c=0$ ならば(4)の場合に帰着される．

$b<0$ ならば，同様にして，$b=-1$，$c=0$ としてよい．すると，(2)の場合に帰着される．

（II）　$c_{20}=0$ のとき：$c_{02}\neq0$ ならば，x,y を取り替えて考えれば（I）の場合になるので，$c_{02}=0$ の場合を考える．仮定により $c_{11}\neq0$ であるので，x の代わりに $c_{11}x$ を考えて，$c_{11}=1$ としてよいから，$xy+ax+by+c=0$ の形の方程式であるとする．

$xy+ax+by+c=(x+b)(y+a)+c-ab$ であるから，$a=b=0$ の場合に帰着される．すると，$2x'=x+y$，$2y'=x-y$，すなわち，$x=x'+y'$，$y=x'-y'$ とおけば，$xy=x'^2-y'^2$ であるから，(2)の場合になる．（証明終わり）

同様のことを複素アフィン平面上で考えると，ずいぶん簡単になる．

定理1.3.2.　複素アフィン平面上の2次曲線

$$c_{20}x^2+2c_{11}xy+c_{02}y^2+2c_{10}x+2c_{01}y+c_{00}=0$$
$$(c_{jk}\text{は定数で，}(c_{20},c_{11},c_{02})\neq(0,0,0))$$

は，適当な座標変換をすれば，次のいずれかの形の方程式で定義される．

(1)　$x^2+y^2=1$　　(2)　$x^2=y^2$　　(3)　$x^2=y$　　(4)　$x^2=c$　$(c=1,0)$

注意2 (2)は2本の直線 $x=y,x+y=0$ で，(4)は $c=0$ ならば直線 $x=0$ を2重に考えたもので，$c=1$ ならば2本の直線である．

証明 （I）$c_{20}\neq0$ のとき：前定理の証明と同様にして，$c_{20}=1$，$c_{11}=$

0, $c_{10}=0$ としてよい. このとき, $c_{02} \neq 0$ であれば,（複素数の平方根は複素数の範囲で取れるから）$c_{02}=1$ としてよい. すると, 前定理と同様にして $c_{01}=0$ としてよく, $x^2+y^2=a$ の形の方程式になる.

　ここで, $a \neq 0$ ならば, a の平方根で x, y を割ったものを考えて,（1）の場合になる.

　$a=0$ ならば, y の代わりに yi を考えて,（2）の場合になる.

　$c_{02}=0$, $c_{01} \neq 0$ ならば, 方程式は $x^2+2c_{01}y+c_{00}=0$ であるから, $2c_{01}y+c_{00}$ を y の代わりに考えて(3)の場合になる. $c_{02}=0$, $c_{01}=0$ ならば,（4）の場合である.

　（II）　$c_{20}=0$ のとき：前定理の証明（II）と同様.（証明終わり）

　関連した重要な注意を二つ付け加えよう.

　（I）　距離を考えるユークリッド平面の座標変換では, 距離を変えてはいけないので, 座標変換後の方程式をもとの座標で考えても, もとの図形と合同な図形になる代わりに, 座標変換が制限される. したがって, 上の2定理のような簡単な分類にはならない. それに対し, アフィン平面での座標変換には自由度が多いので, 上のように簡単な分類になる. その結果, たとえば, 定理1.3.1 では円と楕円は同類とされている. しかし, そのことは, 円を斜めに置いて影を写せば楕円になり, 楕円を適当な向きに置いて影を写せば円になることを考えれば, 自然なこととみなせるであろう.

　座標変換では, 方程式の次数は変わらない. したがって, たとえば2次曲線について調べようとするときは, 上の定理の分類にしたがって, 各類の代表について調べれば, アフィン平面の幾何学としての結論が得られるのである. 合同でないものは同類にしない立場であれば, 各類の代表を, いろいろな座標変換で写して得られる曲線がどれだけあるかを調べればよいから, そういう立場に立つ場合でも, アフィン平面での分類は有効である.

　（II）　実アフィン平面とは, 複素アフィン平面の中で座標が実数の点の集合であるといえる. その意味での実アフィン平面は座標を変えれば（特別な座標変換でない限り）変わる. 複素アフィン平面で得られた結果を実

アフィン平面に応用するのには，いろいろな座標変換をして，それぞれの実アフィン平面との切り口を考えることになる．上の分類で，実アフィン平面の楕円，双曲線が複素アフィン平面では同類になったことは，§1.2で調べたように，$x^2 + y^2 = 1$ を複素アフィン平面で考えると (x_1, y_2)-平面に双曲線が現れることに基づくのである．

第 2 章

射影平面

　第 1 章で述べたように，射影平面は代数幾何における重要な平面である．座標を実数の範囲で考える「実射影平面」と複素数の範囲で考える「複素射影平面」の両方について学ぼう．

　実アフィン平面における直線は数直線と同じと考えられ，複素アフィン平面における直線は複素数平面と同じと考えられるので，それらについて

は特別に節を作らなかったが，射影平面における直線，すなわち，射影直線はアフィン直線とはだいぶん異なる概念であるから，射影直線の話から始めよう．

2.1. 射影直線

　数直線，すなわち，座標を実数の範囲で考えたアフィン直線に無限遠点を付け加えて，実射影直線が得られ，複素数平面に無限遠点を付け加えて複素射影直線が得られるのであるが，それらの座標を基礎にした定義をしよう．次の定義における K に，実数全体 R を当てはめたときが**実射影直線**であって，複素数全体 C を当てはめたときが**複素射影直線**である．

　座標の集合 $F=\{(a,b) \mid a,b \in K, (a,b) \neq (0,0)\}$ を考え，二つの座標 (a,b)，(c,d) が同じ点を表すのは $a:b=c:d$，すなわち，適当な数 t $(\neq 0)$ をとれば，$c=at$，$d=bt$ となるときと定める．そのようにして，F が与える点集合が**射影直線**である．このとき，アフィン直線上の座標 c の点と射影直線上の点 $(c,1)$ とを同一視して，射影直線はアフィン直線を含んでいると考える．$(c,1)$ が表す点と (ct,t) $(t \neq 0)$ の表す点が同じであるから，そのアフィン直線に含まれる点全体は第2座標が0でない点全体になり，含まれない点は $(1,0)$ （これは，$(a,0)$ $(a \neq 0)$ の表す点と同じ）だけである．アフィン直線をこのように考えたとき，点 $(1,0)$ を**無限遠点**という．

　別の見方からすれば，アフィン平面 $K^2=\{(a,b) \mid a,b \in K\}$ において，原点 $(0,0)$ を通る直線を「点」と考えるのである．上の定義では，原点を通る同一直線上にある（原点以外の）点を「同じ点」であると考えたともみなせる．「射影」という言葉が付いている理由は，次の考え方に基づく．アフィン平面 $K^2=\{(a,b) \mid a,b \in K\}$ の原点に光源があり，平面内の図形の原点以外の部分は，任意の直線に写した影と同一視する．ただし，たとえば，点 $(1,0)$ の直線 $x+y=c$ への影は $c \geq 1$ でないと写らないけれども，「虚の影」というべきものを許容して，点 $(c,0)$ が影であるとみなすのである．直線 $y=1$ への影を考えると，このような虚の影を考えても影はないので，直線 $y=1$ をアフィン直線と考えたときには，点 $(1,0)$ が無限遠点を影に持つと考

えるのである.

　実射影直線の場合, 図形としては, 円と同じと考えてもよい. ＋∞の方
へ行っても, −∞の方へ行っても同じ無限遠点に到達するのであるからで
ある.

　複素射影直線の場合は, 図形としては球面と考えられる. 原点から, ど
の方向に向けて遠くの方へ行っても, 同じ無限遠点に到達するからである.
次のように考えてもよい. 3 次元ユークリッド空間において座標を考える.
(x, y)-平面を複素数平面と考え, 点 $(0, 0, 1)$ を中心とする半径 1 の球面上
の点 P $(\neq (0, 0, 2))$ に, $(0, 0, 2)$ と P とを通る直線が (x, y)-平面と交わる点
Q が表す複素数を対応させる. 複素数平面上の点 Q が原点から遠ざかれば,
対応する点 P は点 $(0, 0, 2)$ に近づく. というわけで, $(0, 0, 2)$ が無限遠点で,
球面からこの点を除いたものが複素数全体である. (複素変数の関数論の世
界では, 複素射影直線をリーマン球面と呼んでいる.)

　アフィン直線の座標変換は平行移動と基準の長さの変更(0 でない数を
かける)だけであるが, 射影直線には本質的な座標変換がある. すなわち,
アフィン平面における座標変換で原点を変えないものは, 射影直線の座標
変換を与える. そのことを, 複素射影直線の場合にも, 同じ言葉で成り立
つ形で定理として述べる. 実射影直線の場合は行列 A の成分, 座標の成分
がすべて実数で, 複素射影直線の場合は, それらが複素数でよいのである.

　定理2.1.1.　射影直線の座標変換は, 行列 $A = \begin{pmatrix} a & b \\ c & d \end{pmatrix}$ によって, もと
の座標が (x, y) の点の新しい座標が $(x, y)A$ になる形になる. ただし, 座標
変換に対応する行列 A は逆行列をもつ, すなわち, $ad - bc \neq 0$ であり, 逆
に, 2 次の行列 A が逆行列をもてば, A はある座標変換に対応する行列に
なる.

　証明　アフィン平面のもとの座標系が, $(O, \vec{p}, \vec{q})$ で, 原点 O を変えない
新しい座標系が $(O, \vec{p'}, \vec{q'})$ であれば, ある 2 次の行列 B があって, B は逆
行列をもち, $\begin{pmatrix} \vec{p'} \\ \vec{q'} \end{pmatrix} = B \begin{pmatrix} \vec{p} \\ \vec{q} \end{pmatrix}$ となる.

　この座標変換では，もとの座標が (a, b) であった点Ｐは，ベクトル $\overrightarrow{OP}=a\vec{p}+b\vec{q}$ である点であるから，新しい座標系でのＰの座標は $(a, b)D^{-1}$ である（計算は各自確かめよ）．

　このことを，射影直線の座標に当てはめてみよう．(a, b) と (c, d) が同じ点を表すのは，アフィン平面の点として，原点を通る同一直線上にあるときであるから，その性質は座標変換では変わらない（座標が変わるだけで図形は変わらないことに注意せよ）．（$((a, b), (c, d)$ が同じ点 $\Longleftrightarrow$ ある t により $t(a, b)=(c, d)$ の形の特徴付けを使っても，同じ点を表していた二つの座標は，座標変換後も同じ点を表すことが，すぐわかる．）したがって，上のように，行列 B がもとの座標系の座標ベクトルで新しい座標系の座標ベクトルを表示する行列であれば，B の逆行列 B^{-1} が定理の行列 A になる．逆の方は，$\begin{pmatrix}\vec{p'}\\\vec{q'}\end{pmatrix}=A^{-1}\begin{pmatrix}\vec{p}\\\vec{q}\end{pmatrix}$ による座標変換を考えればよい．

（証明終わり）

　最初の定義だけ見ていると，無限遠点は特定の点と誤解しがちである．座標変換があるので，どの点を無限遠点に選んでもよいのである．すなわち

　定理2.1.2.　射影直線上の任意の1点Ｐを選んだとき，Ｐが無限遠点であるように座標変換をすることができる．

　証明　Ｐの座標が $(1, 0)$ であれば，座標はもとのままでよい．そうではない場合を考える．第2座標が 0 ではないのだから，Ｐの座標は $(a, 1)$ であるとしてよい．

　$A=\begin{pmatrix}1 & -1\\1-a & a\end{pmatrix}$ とおけば，$A^{-1}=\begin{pmatrix}a & 1\\a-1 & 1\end{pmatrix}$ であり，$(a, 1)A=(1, 0)$ となる．

（証明終わり）

2.2. 射影平面

　射影平面を定義するのには，3次元のアフィン空間を利用する．

　射影直線の定義のときと同様，次の定義のKに，実数全体 **R** を当てはめたときが**実射影平面**で，複素数全体 **C** を当てはめたときが**複素射影平面**である．

　3 次元のアフィン空間 $K^3=\{(a, b, c) \mid a, b, c\in K\}$ において，原点を通る直線を「点」と考える，あるいは，座標の集合 $F=\{(a, b, c) \mid a, b, c\in K,$ $(a, b, c)\neq(0, 0, 0)\}$ を考え，二つの座標 (a, b, c)，(a', b', c') が同じ点を表す $\Longleftrightarrow a : b : c=a' : b' : c'$（ある t（$\neq0$）によって $(a', b', c')=t(a, b, c)$ と同値）によって，射影平面の点集合と，各点の座標を定義する．

　次に，$ax+by+cz=0$（$(a, b, c)\neq(0, 0, 0)$）の解の集合を**直線**と定義する．これは，アフィン空間の中で原点を通る直線を点と考える立場では，原点を通る平面を直線とすることになる．アフィン平面の点 (a, b) と射影平面の点 $(a, b, 1)$ とを同一視することによって，射影平面はアフィン平面を含んでいると考える．このとき，アフィン平面 $\{(a, b, 1) \mid a, b\in K\}$ を**固有平面**と呼び，残りの部分，すなわち，直線 $z=0$，を**無限遠直線**と呼ぶ．また，無限遠直線上の各点を**無限遠点**という．

　次の定理は，実射影平面，複素射影平面の両方に，同じ言葉で成り立つ．

　定理2.2.1.　射影平面 $\boldsymbol{P}^2$ と，その固有平面 H とについて，

　(1)　$\boldsymbol{P}^2$ の直線 L は，無限遠直線であるか，H 内の直線に 1 個の無限遠点を付け加えたものである．

　(2)　$\boldsymbol{P}^2$ における相異なる 2 直線 L，L' は，必ず 1 点で交わる．$L\cap H$，$L'\cap H$ が共に直線であるときは，L と L' の交点が無限遠点であるための必要充分条件は $L\cap H$，$L'\cap H$ が平行であることである．

　注意　(2)は，射影平面というものは，アフィン平面の，互いに平行な直線ごとに，一つずつ無限遠点を付け加えていることになっていることを示している．

　証明　(1)：L の定義式 $ax+by+cz=0$（$(a, b, c)\neq(0, 0, 0)$）を考える．$a=b=0$ であれば，L は無限遠直線である．次に，$a\neq0$ としよう．L と無限遠直線との共通点の座標は $(e, f, 0)$ の形であるから，$ae+bf=0$ から，$e : f=-b : a$ が得られ，その点の座標は $(-b, a, 0)$ である．ゆえに，L は H

内の直線 $ax+by+c=0$ に，1点 $(-b, a, 0)$ を付け加えたものになる．a, b は対称的であるから，$b \neq 0$ のときも正しい．

(2): L の定義式を $ax+by+cz=0$ $((a, b, c) \neq (0, 0, 0))$; L' の定義式を $a'x+b'y+c'z=0$ $((a', b', c') \neq (0, 0, 0))$ としよう．まず，$a \neq 0$, $a' \neq 0$ のときを考えよう．$a=a'=1$ であるとしてよい．L と L' との交点については，

$x+by+cz=0$ …①

$x+b'y+c'z=0$ …②

①－②: $(b-b')y+(c-c')z=0$ …③

$L \neq L'$ であるから，$(b-b', c-c') \neq (0, 0)$ であり，③から $y : z$ が決まり，それと①から $x : y : z$ が定まる．すなわち，L と L' の交点Pは1点だけである．ゆえに，Pが無限遠点であることは，L と L' とが H 内で交点を持たないこと，すなわち $L \cap H$ と $L' \cap H$ が平行であることと同値である．（証明終わり）

射影直線の場合と同様に，射影平面には，3次の行列を利用した座標変換が考えられる．まず，**3次の行列**とは $\begin{pmatrix} a & b & c \\ a' & b' & c' \\ a'' & b'' & c'' \end{pmatrix}$ の形に数 a, b, c, a', b', c', a'', b'', c'' を並べたものである．

横並びが**行**で，縦並びが**列**である．たとえば，(a'', b'', c'') は第3行である．

加法は2次の行列と同様に，成分ごとに加える演算である．

かけ算については，長さ3の横ベクトル，縦ベクトルとのかけ算が基本であり，それは

$$(e \quad f \quad g)\begin{pmatrix} x \\ y \\ z \end{pmatrix} = ex+fy+gz$$

と定義される．3次の行列と長さ3の横ベクトル，縦ベクトルとのかけ算，あるいは，二つの3次の行列のかけ算は，上の演算を，左のものの横ベクトルと右のものの縦ベクトルのかけ算に利用するのである．すなわち，

$$(x,\ y,\ z)\begin{pmatrix} a & b & c \\ a' & b' & c' \\ a'' & b'' & c'' \end{pmatrix}=(xa+ya'+za'',\ xb+yb'+zb'',\ xc+yc'+zc'')$$

$$\begin{pmatrix} a & b & c \\ a' & b' & c' \\ a'' & b'' & c'' \end{pmatrix}\begin{pmatrix} x \\ y \\ c \end{pmatrix}=\begin{pmatrix} ax+by+cz \\ a'x+b'y+c'z \\ a''x+b''y+c''z \end{pmatrix}$$

$$\begin{pmatrix} a & b & c \\ a' & b' & c' \\ a'' & b'' & c'' \end{pmatrix}\begin{pmatrix} x & y & z \\ x' & y' & z' \\ x'' & y'' & z'' \end{pmatrix}$$

$$=\begin{pmatrix} ax+bx'+cx'' & ay+by'+cy'' & az+bz'+cz'' \\ a'x+b'x'+c'x'' & a'y+b'y'+c'y'' & a'z+b'z'+c'z'' \\ a''x+b''x'+c''x'' & a''y+b''y'+c''y'' & a''z+b''z'+c''z'' \end{pmatrix}$$

のようにするのである．3次の**単位行列**および**零行列**は，次の通りである．

$$\text{単位行列}\begin{pmatrix} 1 & 0 & 0 \\ 0 & 1 & 0 \\ 0 & 0 & 1 \end{pmatrix}\quad\text{零行列}\begin{pmatrix} 0 & 0 & 0 \\ 0 & 0 & 0 \\ 0 & 0 & 0 \end{pmatrix}$$

　二つの3次の行列 A, B について，AB が単位行列になる場合には，BA も単位行列になることが知られている．そのとき，B は A の**逆行列**であるといい，B は A^{-1} で表される．B を基準にすれば，$A=B^{-1}$ である．

　3次の行列を用いると，定理2.1.1，2.1.2と同様にして，次の2定理が得られる．

　定理2.2.2. 射影平面の座標変換は，3次の行列 A によって，もとの座標が (x, y, z) の点の新しい座標が $(x, y, z)A$ として得られる．ただし，座標変換に対応する行列 A は逆行列をもつ．逆に，3次の行列 A が逆行列をもてば，A はある座標変換に対応する行列になる．

　定理2.2.3. 射影平面上の任意の直線 L を選んだとき，L が無限遠直線であるように座標変換をすることができる．

　問 これらの定理の証明をせよ．

3次の行列 $A=\begin{pmatrix} a & b & c \\ a' & b' & c' \\ a'' & b'' & c'' \end{pmatrix}$ に対して，$ab'c''+a'b''c+a''bc'-ab''c'$

$-a'bc''-a''b'c$ を，この行列の**行列式**という．行列 A の行列式は $\det A$ で

表す．成分で表したときは $\begin{vmatrix} a & b & c \\ a' & b' & c' \\ a'' & b'' & c'' \end{vmatrix}$ のように表す．次の定理の証明は省

略する．（大学初年級で履修するであろう．）

定理2.2.4. (1) A, B がともに3次の行列であれば，$(\det A)(\det B)=$ $\det(AB)$

(2) A が逆行列をもつ $\iff \det A \neq 0 \iff$ 3ベクトル (a, b, c)，(a', b', c')，(a'', b'', c'') は1次独立(すなわち，$x(a, b, c)+y(a', b', c')+z(a'', b'', c'')=(0, 0, 0)$ は $x=y=z=0$ のときに限る)$\iff$ 3ベクトル (a, a', a'')，(b, b', b'')，(c, c', c'') は1次独立（このとき $\det A^{-1}=(\det A)^{-1}$）

2.3. 射影平面上の2次曲線

射影平面上で，x, y, z についての多項式 $f(x, y, z)$ による方程式 $f(x, y, z)=0$ について考えてみよう．

たとえば，$x^2+y+1=0$ は，アフィン平面では放物線を表すが，射影平面ではどうか？

点 (a, b, c) がこの方程式をみたすとしたら，$t\neq 0$ のとき (ta, tb, tc) も同じ点の座標であるから，この座標を代入すると $t^2a^2+tb+1=0$，すなわち，t の値によって，条件をみたすかどうかが分かれる．そのことは，もとの方程式に2次の項と1次の項とがあることに原因がある．一般に，多項式 $f(x, y, z)$ の項の次数が一定であるとき，$f(x, y, z)$ は**斉次式**（せいじしき）であるという．方程式 $f(x, y, z)=0$ において，$f(x, y, z)$ が d 次の斉次式であれば，f に座標 (ta, tb, tc) を代入したとき，得られる結果は $t^d f(a, b, c)$ であるから，方程式 $f(x, y, z)=0$ をみたすかどうかは，t とは無関係になる．そこで，d 次斉次式 $f(x, y, z)$ による方程式 $f(x, y, z)=0$ をみた

す射影平面の点全体が定める曲線を d 次曲線という.

　ここでは,まず,2 次曲線を考えよう.

　定理2.3.1.　実射影平面における 2 次曲線の方程式は,適当な座標変換をすれば,次のどれかになる.

(1)　$x^2+y^2=z^2$　　(2)　$x^2+y^2+z^2=0$　　(3)　$x^2+y^2=0$　　(4)　$x^2=0$

(5)　$xy=0$

　証明　定理 1.3.1 での座標変換は,無限遠直線 $z=0$ を固定した場合の座標変換であるとみなされるから,その結果はここでも利用できる.そこでの番号で引用すると

(1)　$x^2+y^2=a$　$(a=1,-1,0)$　　(2)　$x^2-y^2=b$　$(b=1,-1,0)$

(3)　$x^2=y$　　　　　　　　　　(4)　$x^2=c$　$(c=1,-1,0)$

であった.射影平面で考えているのだから,$z=1$ としたときに,上の式になる斉次式による方程式にしなくてはならない.それらは

(1)　$x^2+y^2=az^2$　$(a=1,-1,0)$　　(2)　$x^2-y^2=bz^2$　$(b=1,-1,0)$

(3)　$x^2=yz$　　　　　　　　　　(4)　$x^2=cz^2$　$(c=1,-1,0)$

である.(1)の場合は,$a=1,-1,0$ にしたがって,この定理の(1),(2),(3)になる.(2)で,$b=1,-1$ の場合は,x,y,z を適当に取り替えれば,この定理の(1)の場合になり,$b=0$ の場合は,$(x-y)(x+y)=0$ であるから,この定理の(5)の場合になる.この置き換えを逆に使うことにより,(3)の場合は $x^2=y'^2-z'^2$ の形に導くことができ,この定理の(1)の場合になる.(4)の場合は $c=1,-1,0$ にしたがって,(2)で $b=0$ の場合,この定理の(3)の場合,この定理の(4)の場合になる.（証明終わり）

　注意1　実アフィン平面での円,楕円,双曲線,放物線は,この定理の(1)の場合にまとめられている.双曲線は二つの部分に分かれているが,漸近線 2 本は共通である.すなわち,一方の曲線に沿って遠くへ行くと,その直線の先にある無限遠点に到達するが,それは,その直線の反対側の無限遠点と同じであるからである.これらの事情は,円,楕円,双曲線,放物線が,2 重円錐(頂点の両側に伸びた円錐)の頂点を通らない平面による切り口として得られることからもわかるであろう.放物線の場合,点が遠くへ行けば軸の先にある無限遠点に到達する.

(理由: 式 $x^2=yz$ と $z=0$ とを連立させた解は無限遠点 $(0,1,0)$ だけである.)

問　複素射影平面の 2 次曲線の方程式は, 適当な座標変換により, 次の
どれかの方程式にすることができることを示せ.

(1)　$x^2+y^2=z^2$　　　　(2)　$xy=0$　　　　(3)　$x^2=0$

2 次曲線を扱うのに, 3 次の行列を利用する方法がある. 実射影平面で
考える場合は係数 a, b, c, d, e, f は実数で, 複素射影平面で考える場
合にはそれら係数は複素数であるとして, 両方の場合を同時に考えよう.

一般に, 射影平面上の 2 次曲線 $ax^2+by^2+cz^2+2dxy+2eyz+2fxz=0$
に対し, 行列 $\begin{pmatrix} a & d & f \\ d & b & e \\ f & e & c \end{pmatrix}$ を対応させる.

この行列のように, 左上から右下への対角線に関して対称な行列を**対称
行列**という.

この対応についての重要な注意を二つ述べよう.

注意2　$ax^2+by^2+cz^2+2dxy+2eyz+2fxz=(x\ y\ z)\begin{pmatrix} a & d & f \\ d & b & e \\ f & e & c \end{pmatrix}\begin{pmatrix} x \\ y \\ z \end{pmatrix}$ であ
る.

注意3　二つの定義式を加えると, 対応する行列の和が対応する, すなわち,
$ax^2+by^2+cz^2+2dxy+2eyz+2fxz=0$ に行列 A が対応し,
$a'x^2+b'y^2+c'z^2+2d'xy+2e'yz+2f'xz=0$ に行列 A' が対応すれば,
$(a+a')x^2+(b+b')y^2+(c+c')z^2+2(d+d')xy+2(e+e')yz+2(f+f')xz=0$ に
は $A+A'$ が対応する.

定理2.3.2.　複素射影平面上の 2 次曲線 C に対応する行列が A であると
き, C が直線を成分にもつための必要十分条件は $\det A=0$ である.

証明　上の注意 2 により, 定義式は, $(x\ y\ z)A\begin{pmatrix} x \\ y \\ z \end{pmatrix}=0$ である.

$(x\ y\ z)=(x'\ y'\ z')T$ による座標変換 (T は逆行列をもつ 3 次の行列)
を行う. T の転置行列 ^tT (各 (j,k) 成分を (k,j) 成分にしたもの) を用い

ると, $\begin{pmatrix} x \\ y \\ z \end{pmatrix} = {}^tT \begin{pmatrix} x' \\ y' \\ z' \end{pmatrix}$ であるから, 新しい定義式は

$$(x'\ y'\ z')\,TA({}^tT)\begin{pmatrix} x' \\ y' \\ z' \end{pmatrix}=0 \qquad\qquad になる.$$

　直線を成分にもつか否かは, 座標変換では変わらず, $\det(TA({}^tT))=(\det T)(\det A)(\det {}^tT)=(\det A)(\det T)^2$ である（定理2.2.4 および, 下の注意参照）から, 座標変換してから考えてよい. 定理2.3.1 の分類を利用すれば:

　(1), (2), (3), (4), (5)それぞれの場合には, 次の行列が対応する:

$$\begin{pmatrix} 1 & 0 & 0 \\ 0 & 1 & 0 \\ 0 & 0 & -1 \end{pmatrix},\ \begin{pmatrix} 1 & 0 & 0 \\ 0 & 1 & 0 \\ 0 & 0 & 1 \end{pmatrix},\ \begin{pmatrix} 1 & 0 & 0 \\ 0 & 1 & 0 \\ 0 & 0 & 0 \end{pmatrix},\ \begin{pmatrix} 1 & 0 & 0 \\ 0 & 0 & 0 \\ 0 & 0 & 0 \end{pmatrix},\ \begin{pmatrix} 0 & \frac{1}{2} & 0 \\ \frac{1}{2} & 0 & 0 \\ 0 & 0 & 0 \end{pmatrix}$$

　これらの行列式はそれぞれ -1, 1, 0, 0, 0 であり, 他方, 直線を成分にもつのは(3)〜(5)の場合であることは, 式の形からわかる.（証明終わり）

　注意 $\det {}^tT = \det T$ である. そのことは, 行列式の定義式からわかる.

第 3 章

特異点・単純点・ベズーの定理

　1次曲線は直線であり，その幾何学的構造は簡単である．直線上のどの2点を取ってみても，それらの点の近くの様子は同じである．しかし，次数が高くなれば，曲線はいろいろ複雑な様相を見せるようになる．直線や円周上の点のように，曲線がその点の近くで滑らかになっていて，接線が1本きまるような点（それが単純点）と，そうでない点（特異点）との特

徴付けを学ぼう．その後複素射影平面が重要であることを示す例として，
ベズーの定理に触れよう．

3.1. 多項式の偏導関数

2変数 x, y の多項式 $f(x, y) = \sum_{j,k} c_{jk} x^j y^k$ を，x だけの多項式，あるい
は，y だけの多項式と考えての微分が考えられる．前者を，x による**偏微
分**，後者を，y による**偏微分**といい，その結果得られる導関数を，それぞれ，
x による**偏導関数**，y による**偏導関数**という．$f_x(x, y), f_y(x, y)$ で表すこと
にする．

$$f_x(x, y) = \sum_{j,k} j c_{jk} x^{j-1} y^k$$
$$f_y(x, y) = \sum_{j,k} k c_{jk} x^j y^{k-1}$$

である．

同様のことは，もっと多くの変数の多項式についても定義される．たと
えば，3変数の多項式の場合，$f(x, y, z) = \sum_{j,k,m} c_{jkm} x^j y^k z^m$ のとき，x に
よる偏導関数は

$$f_x(x, y, z) = \sum_{j,k,m} j c_{jkm} x^{j-1} y^k z^m$$

である．

定理3.1.1. $f(x, y, z) = \sum_{j,k,m} c_{jkm} x^j y^k z^m$ が d 次斉次式である（すな
わち，$j + k + m = d$ である項ばかりの和になっている）ならば，

$$x f_x(x, y, z) + y f_y(x, y, z) + z f_z(x, y, z) = d f(x, y, z)$$

である．（オイラーの公式と呼ばれるが，オイラーの公式と呼ばれるものは
他にもある．）

この定理は変数の数がどれだけであっても，同様なことが成り立つ．そ
のことは各自確かめよ．斉次式という条件は重要である．

証明 各項ごとに証明すればよいので，$c_{jkm} x^j y^k z^m$ について考えると，
$x(c_{jkm} x^j y^k z^m)_x = j c_{jkm} x^j y^k z^m$，$y(c_{jkm} x^j y^k z^m)_y = k c_{jkm} x^j y^k z^m$，$z(c_{jkm} x^j y^k z^m)_z = m c_{jkm} x^j y^k z^m$ であるから，定理の成立がわかる．（証明終わり）

定理3.1.2. 多項式 $f(x, y) = \sum_{j,k} c_{jk} x^j y^k$ を，$x' = x - a, y' = y - b$ と
いう置き換えによって x', y' の多項式に書き換えたとき，その定数項は

$f(a, b)$ であり，1 次の部分は

$$f_x(a, b)x' + f_y(a, b)y'$$

である．ここに，$f_x(a, b)$, $f_y(a, b)$ は，それぞれ，$f_x(x, y)$, $f_y(x, y)$ に，$x=a, y=b$ を代入したものである．

証明　$x=x'+a, y=y'+b$ であるから，$f(x, y)=f(x'+a, y'+b)$ となり，定数項は変数 x', y' に 0 を代入したものと一致するから，定数項は $f(a, b)$ である．1 次の部分については，各項 $c_{jk}x^j y^k$ ごとに考えればよく，$c_{jk}(x'+a)^j(y'+b)^k$ の 1 次の部分は $c_{jk}(a^j k b^{k-1} + j a^{j-1} b^k)$ であるから，定理の主張は正しい．（証明終わり）

上の定理も，2 変数に限らないで成立する．たとえば

問 1　3 変数の多項式 $f(x, y, z)$ に，$x'=x-a, y'=y-b, z'=z-c$ という置き換えによって x', y', z' の多項式に書き換えたとき，その定数項は $f(a, b, c)$ で，1 次の部分は

$$f_x(a, b, c)x' + f_y(a, b, c)y' + f_z(a, b, c)z'$$

であることを確かめよ．

高次導関数と同様に，$f_x(x, y)$, $f_y(x, y)$, $g_z(x, y, z)$ などの偏導関数，すなわち，**高次偏導関数** $f_{xx}(x, y)$, $f_{xy}(x, y)$, $f_{yx}(x, y)$, $f_{yy}(x, y)$, $f_{xxx}(x, y)$, $f_{xyy}(x, y)$, $g_{zx}(x, y, z)$, $g_{zy}(x, y, z)$, $g_{zxz}(x, y, z)$ などが考えられる．（偏微分で着目した変数を，左から順に書いてゆくのである．たとえば，$g_{zxy}(x, y, z)$ は，$g(x, y, z)$ をまず z について偏微分し，その結果を x について偏微分し，その結果をさらに y について偏微分したものである．）

定理3.1.3.　高次偏導関数については，偏微分で着目した変数の順序には無関係である．たとえば，$f_{xy}(x, y)=f_{yx}(x, y)$, $g_{zxy}(x, y, z)=g_{xyz}(x, y, z)$.

証明は各自試みよ．（項が一つの場合に証明すればよいことに注意せよ．）

高次偏導関数は，定理3.1.2 における x', y' についての 2 次以上の部分の係数を表すのに利用できる．2 次の部分は $(1/2)f_{xx}(a, b)x'^2 + f_{xy}(a, b)x'y' + (1/2)f_{yy}(a, b)y'^2$ であるが，

問 2　$f(x, y)=\sum_{j,k} c_{jk}(x-a)^j(y-b)^k$ であるとき，$(j!)(k!)c_{jk}$ は，

$f(x, y)$ を x について j 回，y について k 回偏微分した結果に $x=a, y=b$ を代入したときの値になることを示し，定理3.1.2 の，x', y' についての高次の部分を求めよ．

3.2. 特異点・単純点の定義

　今後，曲線 $C : f=0$ という形で述べたときは，曲線 C の定義方程式が $f=0$ であることを意味するものとする．直線についても同様である．

　アフィン平面上の曲線 $C : f(x, y)=0$ の上の点 (a, b)（もちろん，$f(a, b)=0$ でなくてはならない）について，$f_x(a, b)=f_y(a, b)=0$ であるとき，点 (a, b) は C の**特異点**であるといい，そうでないとき，点 (a, b) はこの C の**単純点**であるという．

　定理3.1.2 から，次のことがわかる．

　定理3.2.1.　曲線 $C : f(x, y)=0$ の上の点 (a, b) が特異点であるための必要十分条件は，座標の平行移動によって (a, b) が原点 $(0, 0)$ になるようにしたとき，新しい座標関数 $x'=x-a, y'=y-b$ についての定義式が（x', y' についての 2 次以上の項の和）$=0$ の形になることである．

　アフィン平面上の曲線 $C : f(x, y)=0$ の上の点 (a, b) が単純点であるとき直線 $L : f_x(a, b)(x-a)+f_y(a, b)(y-b)=0$ を，C の点 (a, b) における**接線**と定義する．

　この定義の理由を説明しよう．定理3.1.2 によれば，$f(x, y)$ を $x'=x-a, y'=y-b$ の多項式に書き改めると，$f(a, b)=0$ であるから

$$f(x, y)=f_x(a, b)x'+f_y(a, b)y'+（x', y' について 2 次以上の項の和）$$

となる．$y''=f_x(a, b)x'+f_y(a, b)y'$ とおいて，(x', y'') を座標とするように座標変換をすると，C の定義式は $y''=（x', y'' について 2 次以上の項の和）$ の形になる．右辺に y'' がかかっている項があれば，それらを左辺に移項させれば

$$y'' g_1(x', y'')=g_2(x')$$

の形になり，$g_1(x', y'')$ は定数項が 1 で，$g_2(x')$ は 0 であるか，または，x' について 2 次以上の多項式である．$g_2(x')$ が 0 であれば，C は接線 L を成分に

もつ. $g_1(0,0)=1$ であるから, 残りの成分は点 (a,b) を通っていないので, この場合 L が接線であると定めるのは当然であろう. $g_2(x')$ が 0 でない場合を考えよう. $g_2(x')$ の最低次の項を cx'' とすると, $|x'| \to 0$ のとき $y''/x'' \to c$ である. $r \geq 2$ であるから, C は x' 軸 (直線 L) に接しているのである. さらに, 点 (a,b) (新しい座標の原点) を通る別の直線 $dx'+ey''$ $=0$ $(d:e \neq f_x(a,b):f_y(a,b))$ について, $y^{(3)}=dx'+ey''$ とおいて, $(x', y^{(3)})$ を座標とするように座標変換した場合は, C の定義式は $y^{(3)}=Ax'$ $+(x', y''$ について 2 次以上の項の和$)$ (A は 0 でない定数) の形になり, $|x'|$ $\to 0$ のとき, $y^{(3)}/x' \to A$ であるから, 点 (a,b) に近くでは C とこの直線 $y^{(3)}=0$ とは異なる向きをもっている. というわけで, 点 (a,b) で C に接していると考えうる直線は L 以外にはないのである.

次に特異点の場合を考えよう. 点 (a,b) が $f(x,y)=0$ で定義された曲線 C の特異点であるのは $x'=x-a, y'=y-b$ と置き換えたとき, $f(x,y)$ が x', y' について 2 次以上の項の和の形になるときである (定理3.2.1). それらの項の次数の最小を, 点 (a,b) の (C の点としての) **重複度** (ちょうふくど; じゅうふくど) という. 重複度が m の点は m **重点**と呼ばれる.

例 1. 曲線 $y^2=x^2+x^3$ は原点 $(0,0)$ を 2 重点に持つ.

例 2. 曲線 $y^2=x^3$ は原点 $(0,0)$ を 2 重点に持つ.

例 3. 曲線 $y^3-x^2y+x^4=0$ は原点 $(0,0)$ を 3 重点に持つ.

（問）　上の三つの例の実アフィン平面における曲線の, 原点の近くの様子を調べてみよ.

注意　例 1 は 2 重点であって, 原点の付近では曲線は直線 $x=y, x+y=0$ がそれぞれ接線であると考えられる 2 本の曲線に分かれている (遠くでつながっているが). このように, m 重点であって, その点の近くだけを見れば, 互いに接線の異なる m 本の曲線に分かれているとき, その m 重点は**通常 m 重点**であるといい, とくに $m=2$ のとき**結節点**であるという. 例 2 は, これとは異なるタイプの 2 重点であり, **尖点**と呼ばれる特異点の代表的例である. 例 3 は通常 3 重点の例である.

3.3. 直線と曲線との接触の位数

　曲線 $C: f(x, y)=0$ が直線 $L: cx+dy=e$ $((c, d)\neq(0, 0))$ と点 (a, b) で交わる（接する場合も含む）とき，まず，$x'=x-a, y'=y-b$ とおいて，点 (a, b) が原点になるように平行移動した座標を考える．すると L の定義式は $cx'+dy'=0$ になる（新しい原点を通るから）．この平行移動に伴う $f(x, y)$ の書き換え $f'(x', y')=f(x'+a, y'+b)$ を考える．

　(1)　$d\neq0$ のとき：$y''=cx'+dy'$ とおいて，(x', y'') を座標とする座標変換を考える．それに応ずる $f'(x', y')$ の書き換えを，$y''g_1(x', y'')+g_2(x')$ の形に整理する．$g_2(x')=0$ ならば，L は C の成分になり，「交わる」場合ではないので，除外する．C が新しい原点を通っているから，$g_2(x')$ の定数項は 0 である．$g_2(x')$ の項の次数の最低 m を，C と L との，点 (a, b) における**接触の位数**という．

　(2)　$d=0$ ならば，$f'(x', y')$ を，$x'g_1(x', y')+g_2(y')$ の形に整理する．上と同様にして，$g_2(y')=0$ の場合は除外される．$g_2(y')$ の項の次数の最低 m を，C と L との，点 (a, b) における**接触の位数**という．

　点 (a, b) が C の単純点である場合は，前節の議論から，L が接線であれば，接触の位数は 2 以上であり，そうでなければ，接触の位数は 1 である．

　点 (a, b) が C の m 重点である場合は，接触の位数は m 以上であり，m より大きい接触の位数をもつのは，特別な m 本以内の直線だけであることも，前節の議論からわかるであろう．

　問　次の各曲線について，原点を通る直線で，原点の重複度より大きい接触の位数をもつものを求めよ．実アフィン平面で考えるのと，複素アフィン平面で考えるのとで，差異のある場合は，両方の場合について答えよ．

　(1)　$x^2=y^3+x^5$　　(2)　$x^3=y^3+y^4$　　(3)　$xy=x^3+y^3$

3.4. 射影平面内の曲線

　射影平面での d 次曲線 $C: f(x, y, z)=0$ $(f(x, y, z)$ は d 次斉次式$)$ の点

$P(a, b, c)$（もちろん $f(a, b, c)=0, (a, b, c) \neq (0, 0, 0)$）に対しては，P を通らない直線を無限遠直線とするように座標変換をして，その固有平面（それはアフィン平面）内の部分に，今までの議論を適用することは可能であるが，特異点であるかどうかの判定は，アフィン平面を考えずにできる。すなわち

定理3.4.1. 射影平面上の点 $P(a, b, c)$ が C の特異点であるための必要十分条件は $f_x(a, b, c)=f_y(a, b, c)=f_z(a, b, c)=0$ である。

証明 $f_x(a, b, c)=f_y(a, b, c)=f_z(a, b, c)=0$ であるとき：定理3.1.1により，$df(x, y, z)=xf_x(x, y, z)+yf_y(x, y, z)+zf_z(x, y, z)$ であるから，$f(a, b, c)=0$ になり，P は C の点である。

a, b, c のどれが 0 でないとしても，対称的であるから，$c \neq 0$，したがって，$c=1$ と仮定しよう。すると，$f(x, y, 1)$ を $F(x, y)$ とおけば，$z \neq 0$ が定める固有平面内での C の定義方程式は $F(x, y)=0$ である。F の作り方から $F_x(x, y)=f_x(x, y, 1), F_y(x, y)=f_y(x, y, 1)$ であり，条件は，点 (a, b)，すなわち，P は C の特異点であることを示している。

逆に，点 $P(a, b, c)$ が C の特異点であるとしよう。上と同様に，$c=1$ であるとしてよい。上と同様に $F(x, y)$ を定義すると，$F_x(a, b)=F_y(a, b)=0$ であるから，$f_x(a, b, 1)=f_y(a, b, 1)=0$ すなわち，$f_x(a, b, c)=f_y(a, b, c)=0$ となる。P が C の点であるから，$f(a, b, c)=0$。ゆえに，

$$0=df(a, b, c)=af_x(a, b, c)+bf_y(a, b, c)+cf_z(a, b, c)=0$$

したがって，$cf_z(a, b, c)=0$ であり，$c=1$ から $f_z(a, b, c)=0$。ゆえに，条件の必要性の証明も完了した。（証明終わり）

問 1 射影平面上の曲線 $C : f(x, y, z)=0$ と点 $P(a, b, c)$ について，$f(a, b, c), f_x(a, b, c), f_y(a, b, c), f_z(a, b, c)$ のうち三つが 0 であるとき，(1) $abc \neq 0$ ならば P は C の特異点であり，(2) $abc=0$ の場合は，P は必ずしも特異点であるとは限らないことを示せ。

問 2 射影平面上の曲線 $C : x^3+y^3+z^3=0$ は特異点をもたないことを証明せよ。

　定理3.4.2.　射影平面上の曲線　$C : f(x, y, z) = 0$　の単純点 $\mathrm{P}(a, b, c)$ について，P における C の接線の方程式は $f_x(a, b, c)x + f_y(a, b, c)y + f_z(a, b, c)z = 0$ である．

　証明　前定理の証明と同様に，$c = 1$ としてよい．$F(x, y) = f(x, y, 1)$ とおけば，固有平面での C の方程式は $F(x, y) = 0$ であり，$\mathrm{P}(a, b)$ における接線の方程式は

$$F_x(a, b)(x - a) + F_y(a, b)(y - b) = 0$$

である．$F(x, y)$ の定義により $F_x(x, y) = f_x(x, y, 1), F_y(x, y) = f_y(x, y, 1)$ である．この接線の射影平面での方程式は

$$F_x(a, b)(x - az) + F_y(a, b)(y - bz) = 0$$

であり，定理3.1.1 によると

$$
\begin{aligned}
F_x(a, b)a + F_y(a, b)b &= f_x(a, b, 1)a + f_y(a, b, 1)b \\
&= df(a, b, 1) - f_z(a, b, 1)1 \\
&= -f_z(a, b, 1)
\end{aligned}
$$

であるから，定理の証明が完了した．

3.5. ベズーの定理

　代数幾何で複素射影平面が大切であることを示す1例が，次の**ベズーの定理**の成立である．

　定理3.5.1.　複素射影平面上の2曲線 C, C' の次数が，それぞれ，m, n であって，C, C' に共通成分がないとき，C, C' の交点の数は，各交点における曲線 C, C' の接触の度合いに応じて重複度を定めると，その重複度の総和はちょうど mn になる．

　重複度の定義を詳しくするのも易しくないが，この定理の証明はさらにむつかしいので，それらは省略して，わかりやすい曲線の場合を例にして説明することにする．ベズーの定理がアフィン平面や実射影平面では成り立たないことも，説明の中で述べる．

　$m = n = 1$ の場合は，C, C' は直線であるので，定理2.2.1 により，交点はただ一つである．その交点において，C, C' の向きは異なるので，重複度

は1とするのである.

　アフィン平面では平行線があるので, 交点の数は 0,1 のいずれかということになりベズーの定理は成り立たない.

　$m=1, n=2$ の場合を考えよう. 実射影平面では, 交点をもたない直線と円の組があるので, ベズーの定理は成り立たないので, 複素射影平面という条件は大切である.

　適当な座標変換によって, C の定義式は $x=0$ であるとしてよい. C' の定義式は, 2次の斉次式であるので $ax^2+by^2+cz^2+2dxy+2eyz+2fxz=0$ であるとしよう.

　座標 (p,q,r) の点が交点 $\Longleftrightarrow p=0$ かつ $bq^2+cr^2+2eqr=0$
であるから, 確かに解がある. そして, $D=e^2-bc$ とおくと, $D=0$ ならば解は一つで, $D\neq0$ ならば解は二つある. $D=0$ のとき, b,c ともに 0 ならば e も 0 になり, 直線 C が曲線 C' の成分になってしまうので, b,c の少なくとも一つは 0 ではない. 対称的だから, $b\neq0$ としよう. すると $by^2+cz^2+2eyz=b(y+e'z)^2$ (ただし, $e'=e/b$) であるから, $q:r=-e':1$ であり, C' の定義式は $x(ax+2dy+2fz)=-b(y+e'z)^2$ となる. $r\neq0$ であるから, 直線 $z=0$ が無限遠直線とすれば, 固有平面での C' の定義式は $x(ax+2dy+2f)=-b(y+e')^2$ となり, 直線 C と曲線 C' との接触の位数は2である (§3.3 参照) から, 交点としての重複度を2とするのである. $D\neq0$ の場合を考えよう. $b=0$ のときは, C' の定義式は $x(ax+2dy+2f)=-z(cz+2ey)$ となり, 交点は $P(0,1,0)$ と $P'(0,-c/2e,1)$ ($D\neq0, b=0$ であるから $e\neq0$) の2点である. $y=0$ を無限遠直線とすれば, 固有平面での C' の定義式は $x(ax+2d+2fz)=-z(cz+2e)$ となるから, P における接触の位数は1である. P' については, $z=0$ を無限遠直線として考えて, 接触の位数が1であることがわかる. そのような理由で, 交点としての重複度は, それぞれ1とするのである. $b\neq0$ の場合も, $x(ax+2dy+2fz)=-by^2-2eyz-cz^2$ の右辺が互いに異なる二つの1次式の積に分解するので, 2交点それぞれにおける接触の位数は1であることが同様にわかるので, 交点としての重複度はそれぞれ1とするのである.

　ついでに，曲線 $C : x^3+y^3=z^3$ と，直線 $L_t : y=tz$ との交点が，t の値によってどう変わるかを調べてみよう．

　交点の座標を求めるためには，上の二つの式を連立させて，それを解けばよい．すなわち，$y=tz$ と $x^3=(1-t^3)z^3$ とを連立させればよい．そこで，

　(1)　$t^3=1$ のときは，$x=0, y : z=t : 1$. ゆえに交点は $(0, t, 1)$ だけである．($t^3=1$ であるから，t の値は $1, (-1\pm\sqrt{-3})/2$) そこで，$z=0$ を無限遠直線として固有平面を考えると，L_t, C の方程式は，それぞれ，$y-t=0$, $x^3+y^3-1=0$ になる．$y'=y-t$ とおけば，C の方程式は $x^3+y'^3+3ty'^2+3t^2y'=0$ すなわち，$y'(y'^2+3ty'+3t^2)=-x^3$ になり，この交点における接触の位数は 3 である．したがって，交点としての重複度は 3 であって，ベズーの定理の主張に合致している．

　(2)　$t^3\neq1$ のときは，$1-t^3$ の 3 乗根の一つを u とすれば，他の 3 乗根は $\omega u, \omega^2 u$ (ただし ω は $(-1\pm\sqrt{-3})/2$ の一つ) である．したがって，交点は $(u, t, 1), (\omega u, t, 1), (\omega^2 u, t, 1)$ の 3 点である．(1)の場合と同様に固有平面を考え，$y'=y-t$ とおけば，C の方程式は $x^3+y'^3+3ty'^2+3t^2y'+t^3-1=0$ すなわち，$y'(y'^2+3ty'+3t^2)=-x^3-t^3+1$ になる．この第 2 式の右辺は $-(x-u)(x-\omega u)(x-\omega^2 u)$ と分解するので，3 交点の重複度はすべて 1 である．ゆえに，この場合もベズーの定理の主張に合致している．

第4章

3次曲線

　1次曲線は直線であり，その幾何学的構造は簡単である．2次曲線は直線ほど簡単ではないが，非常に複雑ということもない．一般に，次数が高くなれば，曲線は複雑になるので，複雑な曲線のうちの，なるべく易しいものというわけで，3次曲線について学ぼう．

　実アフィン平面，複素アフィン平面，実射影平面，複素射影平面のいず

れで考えるかによって，言い換える必要が生ずることがあるが，原則的に
は，複素，または，実射影平面で考えることにして，ある点の近くの様子
をみるために，固有平面としてのアフィン平面を利用することにする．

　なお，前章で述べたベズーの定理（定理3.5.1）は，この章でしばしば利
用する．そして，ベズーの定理として引用するので，定理の内容を確認し
た上でこの章に進むことが望ましい．

4.1. 媒介変数表示ができる3次曲線の例

　例1. $y^2z=x^2z+x^3$

　固有平面にある部分は曲線 $C : y^2=x^2+x^3$ であり，§3.2，例1で知った
ように $(0,0,1)$ は2重点である．また，C は，次のような媒介変数表示がで
きる：$(x,y)=(t^2-1,\ t^3-t)$

　すなわち，(1) t が任意の値（実アフィン平面の場合は実数値，複素アフ
ィン平面の場合は複素数値）を取るとき，点 $(t^2-1,\ t^3-t)$ は C の点であ
り，逆に(2) C の任意の点は，t のある値によって，$(t^2-1,\ t^3-t)$ として
得られるのである．

　証明　(1)：$y^2=x^2+x^3$ に代入すれば，左辺$=t^6-2t^4+t^2$，右辺$=t^4-2t^2$
$+1+t^6-3t^4+3t^2-1=t^6-2t^4+t^2$ であるから，(1)の証明ができた．

　(2)：原点 $(0,0)$ は $t=\pm 1$ の場合である．原点以外の点 (a,b) を考える．
$a\neq 0$ であるから，$t=b/a$ とおく．$(at)^2=a^2+a^3$ であるから，$t^2=1+a$,
すなわち，$a=t^2-1$ であり，$b=t^3-t$．（証明終わり）

　注意1　この曲線の特異点は $t=\pm 1$ に対応している．$b/a=t$ であるから，
t が1に近い値を取るとき曲線は $y=x$ に接し，t が -1 に近い値を取るとき曲
線は $y=-x$ に接している．

　注意2　原点が2重点であるから，直線 $y=tx$ との交点3個のうち2個は原
点である（重複度2）ので，ベズーの定理により，（射影平面の曲線と）もう1点
で交わる．ただし，$t=\pm 1$ のときは，原点の重複度は3である．（$t=1$ のときは，
直線 $y=x$ は t の値が1の近くを動いた曲線の部分に接していて，$t=-1$ の近

くを動いた曲線の部分と交わっているので, 原点の交点としての重複度は 3 であり,「残りの交点は原点」ということになる. $t=-1$ のときも同様である.) このときの t が媒介変数になっている. $t=\infty$ のとき, すなわち, 直線 $x=0$ との交点, は無限遠点になっている.

例 2. $y^2z=x^3$

固有平面にある分は $y^2=x^3$ で, §3.2 の例 2 で知ったように, 点 $(0,0,1)$ は特異点であり, この曲線も媒介変数表示ができる: $(x,y)=(t^2,t^3)$

問 1　例 1 の証明に倣って, この媒介変数表示についての証明をせよ.

例題. 3 次曲線 C に 3 重点があれば, C の成分は直線であることを, ベズーの定理を用いて証明せよ.

[解] P が C の 3 重点であって, Q が C の他の点であるとする. 直線 PQ が C の成分でないとすると直線 PQ と C との交わりは, (1) P は 3 重点であるから, PQ と C との交点としての重複度は 3 以上であり, (2) Q は交点であるから重複度は 1 以上. したがって, 重複度を込めて数えた交点の数が 4 以上になり, ベズーの定理に反する. すなわち, P と他の点とを結ぶ直線がすべて成分であり, C が 3 本より多くの直線を成分に持つことはないから, C の成分はすべて直線である.

問 2　3 次曲線 C が 2 個の 2 重点 P, Q $(P \neq Q)$ を持てば, P, Q を通る直線は C の成分であることを, ベズーの定理を用いて証明せよ.

問 3　(1) x,y の多項式 $f(x,y)$ であって, 2 次の項と 3 次の項しか現れなくて, 既約多項式であるもので, 上の例 1, 2 で扱った曲線を定める式 $y^2-x^2-x^3$, y^2-x^3 以外のものを一つ例示せよ. (2) そのとき, アフィン平面の曲線 $f(x,y)=0$ は媒介変数表示ができることを確かめよ.

4.2. 特異点を持たない 3 次曲線

3 次曲線全体の中には, 特異点のないものが多く存在する. たとえば

定理4.2.1. 射影平面における 3 次曲線 $C:y^2z-x(x-z)(x-cz)=0$ について, c が $0,1$ 以外の定数であれば, C には特異点はない.

　証明　定理 3.4.1 により，特異点は，次の 3 式を連立させたときの解である．

$$-3x^2+2(c+1)xz-cz^2=0, \quad 2yz=0, \quad y^2+(c+1)x^2-2cxz=0$$

　2 番目の式から，$y=0$ または $z=0$. $z=0$ とすると，1 番目の式から $x=0$ で，3 番目の式から $y=0$ となり，それらをみたす点はない．$y=0$ とすると，3 番目の式から，$x=0$ または $(c+1)x=2cz$. $x=0$ ならば，1 番目の式から $z=0$; $(c+1)x=2cz$ ならば，これと 1 番目の式とによって，$x=z=0$. したがって，C には特異点はない．（証明終わり）

　特異点のない 3 次曲線には，前節で述べたような媒介変数表示はできないのであるが，そのことは，次の定理で証明するように，上の曲線 C が媒介変数表示を持たないことと，次の章で証明する定理 5.2.1 とによってわかる．

　C の固有平面での定義式が $y^2=x(x-1)(x-c)$ と表されることに注意して，次の形で上の曲線 C が媒介変数表示をもたないことを証明しよう．

　定理 4.2.2.　f, g が 1 変数 t の有理式（分数式）であって $f^2=g(g-1)(g-c)$ であれば，f, g はともに定数である．ただし，c は 0, 1 以外の定数とする．

　証明　f, g を分数形で表し，$f=p/q$, $g=r/s$（p, q は互いに素；r, s も互いに素；f または g が多項式ならば，分母は 1）とすると

$$p^2 s^3=r(r-s)(r-cs)q^2 \quad \cdots\cdots\cdots ①$$

r, s は互いに素であるから，s^3 は q^2 を割り切る．p, q も互いに素であるから，q^2 は s^3 を割り切る．したがって，

$$q^2=as^3 \quad (a \text{ は定数，} \neq 0), \quad as=(q/s)^2$$

となり，この第 2 式の左辺は多項式であるから，右辺も多項式でなくてはならない．したがって，s は q を割り切る．したがって，係数を複素数の範囲で考えれば，s は平方式である．

　また，①式から $p^2=r(r-s)(r-cs)a$ が得られ，この左辺は平方式であり，右辺の 3 因子 r, $r-s$, $r-cs$ は互いに素であるから，これらの 3 因子は，係数を複素数の範囲で考えれば，すべて平方式である．r, s が定数で

あることがわかれば，g が定数であり，したがって，f も定数であるので，次のことを証明すれば，上の定理の証明が完了する．

定理4.2.3. r, s が複素数係数の多項式であって，(1) r, s は互いに素，(2) 射影直線の4個の互いに異なる点 (a_j, b_j) について，$a_j r + b_j s$ がすべて平方式であるならば，r, s は定数である．

注意1 ここで述べた (a_j, b_j) についての条件は，$(a_j, b_j) \neq (0, 0)$ $(j = 1, 2, 3, 4)$ および，$j \neq k$ ならば $a_j : b_j \neq a_k : b_k$ である．

証明 証明の方針としては「定理の条件をみたす r, s があり，r, s の次数 $\deg r, \deg s$ の最大値 $\max\{\deg r, \deg s\} > 0$ であれば，$\max\{\deg r, \deg s\} > \max\{\deg u, \deg v\} > 0$ であるような多項式 u, v で，定理の条件をみたすものがある」ことを示す．それができれば，次数の低下には限度があるから矛盾になるのである．まず，4個の $a_j r + b_j s$ のうちの2個を r, s の代わりに採用して，$r, s, ar + bs, a'r + b's$（射影直線の点として $(1, 0), (0, 1), (a, b), (a', b')$ は互いに異なる）が平方式であるとしてよい．次に，$ar + bs, a'r + b's$ の代わりに $(ar + bs)/a, (a'r + b's)/a'$ を採用して，$a = a' = 1$ としてよい．その次に，s の代わりに $-bs$ を採用して，

$$r, s, r - s, r - cs \quad (c\ は\ 0, 1\ 以外の定数)$$

が平方式であるとしてよい．すると，$r = u^2, s = v^2$（u, v は多項式で $1 \leq \max\{\deg u, \deg v\} < \max\{\deg r, \deg s\}$）$u, v$ は互いに素である．$r - s = u^2 - v^2 = (u - v)(u + v)$ が平方式であるから，$u - v, u + v$ も平方式である．さらに，$r - cs = u^2 - cv^2 = (u - dv)(u + dv)$（ただし，$d$ は c の平方根の一つ）であるから，$u - dv, u + dv$ も平方式である．$d \neq \pm 1$ であるから，$(1, \pm 1), (1, \pm d)$ は射影直線の点として互いに異なるので，証明の方針としたことが示せた．（証明終わり）

注意2 上の証明を普通の背理法でしようとすれば，次のようにすればよい．

定理の条件をみたす r, s で，r, s の次数 $\deg r, \deg s$ の最大値 $\max\{\deg r, \deg s\} > 0$ であるものがあったと仮定し，それらのうち $\max\{\deg r, \deg s\}$ が最小であるものを，あらためて r, s として，上のような u, v の存在を示せば，$\max$

$\{\deg r, \deg s\}$ が最小であったことに反する.

4.3. 線型系

　3 次の行列の行ベクトル・列ベクトルの一次独立については第 2 章で触れたが，この概念はいろいろな場合に使われる．ここでは多項式の一次独立の定義をしよう．

　複素数係数の多項式 $f_1, \cdots, f_m$（変数の数はいくつでもよい）が**一次独立**（ていねいには，複素数体 C の上で一次独立）であるとは，$c_1, \cdots, c_m \in C$ であって $c_1 f_1 + \cdots + c_m f_m = 0$ となるのは $c_1 = \cdots = c_m = 0$ のとき以外にない場合に言う．そうでないとき，$f_1, \cdots, f_m$ は**一次従属**であると言う．

　たとえば，x, x^2, y^2 は一次独立であり，$x^2 + y^2, xy, (x+y)^2, z^2$ は一次従属である．

　x, y, z についての d 次の斉次式全体 M_d は，一次独立な $(d+1)(d+2)/2$ 個の単項式 $x^d, x^{d-1}y, \cdots, y^d, x^{d-1}z, x^{d-2}yz, \cdots, y^{d-1}z, \cdots, x^j y^k z^{d-j-k}, \cdots, z^d$ に係数をかけて加えた形の式全体からなっていて，(1) $f, g \in M_d$ ならば，$f+g \in M_d$　(2) $f \in M_d, c \in C$ ならば，$cf \in M_d$ の 2 条件をみたしているので，M_d はこれらの単項式で**生成された**（または，**張られた**）**加群**であるといい，一次独立な生成元の数 $(d+1)(d+2)/2$ をその**次元**という．もっと一般に，ある多項式の集合 M が r 個の一次独立な多項式 $f_1, \cdots, f_r$ によって $M = \{c_1 f_1 + \cdots + c_r f_r \mid c_j \in C\}$ となるとき，M は $f_1, \cdots, f_r$ によって**生成された**（または，**張られた**）r **次元の加群**であるという．M の次元は，$\dim M$ とも書く．このとき，M は上で述べた 2 条件 (1), (2) をみたしている．

　射影平面上の d 次曲線 C の定義式が $f = 0$（f は d 次斉次式）であるとき $C(f=0)$ と書くことにする．この記号を用いて線型系の定義をしよう．

　複素射影平面上の d 次曲線からなる集合 L が**線型系**であるとは，いくつかの d 次斉次式で生成された加群 M があって，$L = \{C(f=0) \mid 0 \neq f \in M\}$ であるときにいう．L の**次元**は $\dim M$ と定義される．$\dim L = \dim M$．この M を，L の**定義加群**という．

注意 $M=\{0\}$ のときも考える．この場合 $L=\{C(f=0)\mid 0 \neq f \in M\}$ は空集合であるので，空集合は 0 次元の線型系と考える．

線型系 L が空集合でない場合について，(1) ある曲線 C' が L に属するすべての曲線の成分であるとき C' は L の**固定成分**であるといい，(2) ある点 P が L に属するすべての曲線の上にあるとき P は L の**固定点**であるという．

定理4.3.1. 補素射影平面において L が d 次曲線からなる r 次元の線型系 ($r\neq0$) で，点 P が L の固定点でないとき，L の曲線のうち P を通るもの全体 L' は ($r-1$) 次元の線型系である．

証明 L の定義加群 M を生成する一次独立な d 次斉次式を $f_1,\cdots,f_r$ とする．L に属する曲線は $(c_1,\cdots,c_r)\neq(0,\cdots,0)$ $(c_j\in C)$ により $C(\sum_{j=1}^r c_j f_j=0)$ として得られる曲線全体である．ところで，$C(\sum_{j=1}^r c_j f_j=0)$ が点 $P(a,b,c)$ を通るための必要十分条件は $\sum_{j=1}^r c_j f_j(a,b,c)=0$ である．P が L の固定点ではないのであるから，$f_1(a,b,c)\neq0$ と仮定しても一般性を失わない．すると，$c_2,\cdots,c_r$ は任意に定めて，c_1 は $c_1=-(\sum_{j=2}^r c_j f_j(a,b,c))/f_1(a,b,c)$ と定めれば L' に属する曲線が得られる．すなわち，$g_j=-(f_j(a,b,c)/f_1(a,b,c))f_1+f_j$ $(j=2,\cdots,r)$ で生成される加群が L_1 の定義加群である．（証明終わり）

この定理を 2 次曲線・3 次曲線の場合に適用しよう．

定理4.3.2. 複素射影平面上の互いに異なる点 $P_1,\cdots,P_s$ について，(1) $5\geqq s\geqq0$ であり，(2) これらの点のうち，どの 4 点も同一直線上にはないならば，これら s 個の点全部を通るような 2 次曲線全体 L_s は ($6-s$) 次元の線型系をなす．

証明 x,y,z についての 2 次の斉次式全体は x^2,y^2,z^2,xy,yz,zx で生成されるので，6 次元の加群をなす．すなわち，$s=0$ のときは正しい．L_0 には固定点がないので，L_1 についても正しい．L_1 の固定点は P_1 だけであるから，L_2 についても正しい．$j=1,2$ について P_j を通り P_3 を通らない直線 C_j を考えると，C_1 と C_2 を合わせたものは 2 次曲線であって P_3 を通ら

ないから, P_3 は L_2 の固定点ではない. ゆえに L_3 についても正しい. $s >$ 3 のとき, 同一直線上に 3 点がある場合とそうでない場合とに分けて考える. 前者の場合, P_1, P_2, P_3 が直線 C 上にあるとして一般性を失わない. するとベズーの定理により, C は L_s の固定成分になる. すなわち, L_4 に属する曲線は P_4 を通る任意の直線に C を合わせたものであり, L_5 は C と直線 P_4P_5 を合わせたものであるから, 定理の主張は正しい. つぎに, どの 3 点も同一直線上にない場合を考えよう. 直線 P_1P_2 と, P_3 を通り P_4 を通らない直線 C_2' を合わせたものは L_3 に属し P_4 を通らないから P_4 は L_3 の固定点ではない. ゆえに, L_4 についても正しい. 2 直線 P_1P_2, P_3P_4 を合わせたものは L_4 に属し, $\dim L_4 = 2$ であるから, L_4 に属する他の曲線 C^* がある. したがって, P_5 は L_4 の固定点ではない. したがって, L_5 についても正しい. (証明終わり)

定理4.3.3. 複素射影平面上の互いに異なる点 $P_1, \cdots, P_s$ について, (1) $8 \geqq s \geqq 0$ であり, (2) これらの点のうち, どの 4 点も同一直線上にはなく, どの 7 点も同一 2 次曲線上にはないならば, これら s 個の点全部を通るような 3 次曲線全体は $(10 - s)$ 次元の線型系をなす.

証明 $s = 0$ のときは, 3 次曲線全体であり, 3 次の斉次式全体は $(3+1)(3+2)/2 = 10$ 次元の加群だから正しい. $s \leqq 6$ の場合には, 前定理により, $P_1, \cdots, P_{s-2}$ を通り P_{s-1}, P_s を通らない 2 次曲線 C_1 があるので, P_{s-1} は L_{s-2} の固定点にならず, また, P_{s-1} を通り P_s を通らない直線と C_1 を合わせた曲線が L_{s-1} に属するから, P_s は L_{s-1} の固定点ではないので, 定理の主張は $s \leqq 6$ の場合には正しい. $s > 6$ のときを考えよう. (1) $P_1, \cdots,$ P_6 が一つの 2 次曲線 Q の上にあるとき: 上の議論と同様にして, P_7 は L_6 の固定点ではなく, P_8 は L_7 の固定点ではないので, この場合は正しい. (2) そうでない場合: $P_1, \cdots, P_6$ のうち 5 点を通る 2 次曲線 $Q_1, \cdots, Q_6$ (Q_j は P_j を通らない) がある. それらのうちに, P_7 または P_8 を通るものがあれば, P_j の順序を変えて(1)の場合に帰着することができるので, どの Q_j も P_7 または P_8 を通ることはないと仮定する. P_6 を通り P_7 を通らない直線と Q_1 とを合わせたものが L_6 に属するので, $s = 7$ のときも正しい. P_7

と P_8 を通る直線が通らない点 P_j $(1\leqq j\leqq6)$ があるので, P_j と P_7 を通る直線と Q_j とを合わせたものが L_j に属し, $s=8$ のときも正しいことがわかる.（証明終わり）

4.4. パスカルの定理

まず, 定理4.3.3 を利用して, 次の定理を証明しよう:

定理4.4.1. 二つの3次曲線 C_1, C_2 が互いに異なる9点 $P_1, \cdots, P_9$ で交わるとき, 8点 $P_1, \cdots, P_8$ を通る3次曲線は, 必ず P_9 も通る.

証明 まず, $P_1, \cdots, P_8$ が定理4.3.3 の条件をみたしていることを示そう. これらのうち4点がある直線 C 上にあれば, C と C_j $(j=1,2)$ との交点が4個以上あることになり, ベズーの定理により C は C_j $(j=1,2)$ の成分でなくてはならない. すなわち, C_1, C_2 は C を共有するので, 互いに異なる9点で交わるという仮定に反する. 7点が一つの2次曲線 Q 上にあるとすれば, Q が C_j $(j=1,2)$ の成分になり, 仮定に反する. したがって, 定理4.3.3 により, 8点 $P_1, \cdots, P_8$ を通る3次曲線全体 L は2次元の線型系をなす. C_j の定義方程式が $f_j=0$ $(j=1,2)$ であれば, f_1, f_2 で生成された加群 $M=\{a_1f_1+a_2f_2 \mid a_j\in C\}$ が定める線型系 L' に属する曲線は $P_1, \cdots, P_8$ を通り, $\dim L'=2$ であるから, $L=L'$ である. f_j の P_9 での値は 0 $(j=1, 2)$ であるから, L' に属する曲線は P_9 を通る.（証明終わり）

注意 2次曲線の場合は様子が違う. すなわち, 二つの2次曲線が互いに異なる4個の点 P_1, P_2, P_3, P_4 で交わったとき, P_1, P_2, P_3 を通る2次曲線の中には P_4 を通らないものがある. このことは各自確かめよ.

この結果を使って, **パスカルの定理** と呼ばれる次の定理を証明しよう.

定理4.4.2. 射影平面上に, 互いに異なる9点 $P_1, \cdots, P_9$ があって, 次の3条件がみたされているものとする.(1) これらのうちのどの4点も同一直線上にはなく, これらのうちどの7点も同一2次曲線上にはない. (2) 次の3点の組（6組）のどの組も同一直線上にはない:

P_1, P_2, P_3; P_2, P_3, P_4; P_3, P_4, P_5; P_4, P_5, P_6; P_5, P_6, P_1; P_6, P_1, P_2.

(3) P_1, P_2; P_2, P_3; P_3, P_4; P_4, P_5; P_5, P_6; P_6, P_1 をそれぞれ結ぶ直線を $C_1, C_2, C_3, C_4, C_5,$ C_6 として，P_7 は C_1 と C_4 の交点で，P_8 は C_2 と C_5 の交点で，P_9 は C_3 と C_6 の交点である．このとき，3点 P_7, P_8, P_9 が同一直線上にあるための必要十分条

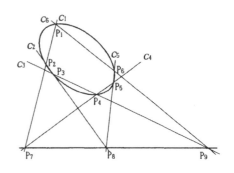

件は6点 $P_1, P_2, \cdots, P_6$ が同一2次曲線上にあることである．

　　証明　C_1, C_3, C_5 を合わせたもの C'，および，C_2, C_4, C_6 を合わせたもの C'' は，それぞれ3次曲線と考えられ，それらは $P_1, \cdots, P_9$ を通る．したがって，これら9点は C', C'' の交点全体であるから，定理4.4.1が適用される．

　　(1)　3点 P_7, P_8, P_9 が同一直線 C^* 上にあるとき：5点 $P_1, \cdots, P_5$ を通る2次曲線 Q と C^* を合わせたものは $P_1, \cdots, P_9$ のうち P_6 以外の8点を通るので，定理4.4.1により，$Q \cup C^*$ は P_6 も通る．仮定により，C^* が P_6 を通ることはないから，Q が P_6 を通る．

　　(2)　6点 $P_1, P_2, \cdots, P_6$ が同一2次曲線 Q 上にあるとき：P_7, P_8 を結ぶ直線 C^* と Q を合わせたものは，$P_1, \cdots, P_9$ のうち P_9 以外の8点を通るので，定理4.4.1により，$Q \cup C^*$ は P_9 も通る．仮定により Q が P_9 を通ることはないから，C^* が P_9 を通る．（証明終わり）

第5章

特異点のない3次曲線

　第4章で射影平面における3次曲線について学んだが，直線を成分にも
たない3次曲線には，特異点をもたないものと，特異点1個をもつものと
があり，特異点をもつ場合には媒介変数表示ができることがわかった．特
異点のない場合には，後（§5.3）で述べるように，幾何学的演算と呼んで
もよいような演算が定義できる．そのことも含め，この章では，特異点の

ない3次曲線について，さらに学ぼう．そのために「変曲点」の話から始めるが，変曲点の定義が微積分の場合と代数幾何とで異なるので，注意を要する。

5.1. 変曲点とヘッセ曲線

　微分積分関係の書物では変曲点の定義は次のようになっている：　点Pが曲線 C の変曲点であるのは，(1) P は C の単純点であり，(2) P における C の接線 T を考えると，P の近くでは C が P を境にして，T のある側から他の側へ移るときである．これは，P の近くでの C の曲がり方が変わる場合であることを示していて，変曲点という言葉にはふさわしいと思う。

　ところが，代数幾何では，次のように定義していて，同じ言葉なのに，内容が違うのである．

　点P が曲線 C の**変曲点**であるとは，P は C の単純点であって，P における C の接線 T の P における接触の位数が3以上のときにいう。

　たとえば，$y = x^n$ のグラフと x 軸との接触の位数は n であるので，n が偶数で $n \geqq 4$ のときは，原点 $(0, 0)$ は代数幾何の定義では変曲点であり，微分積分の意味では変曲点ではないのである。

　今は，代数幾何を学んでいるのだから，変曲点という言葉は代数幾何での定義に従うので，間違わないようにされたい。

　接線との接触の位数 $\geqq 3$ の条件の復習から始めよう。

　$P(a, b, c)$ が複素射影平面上の d 次曲線 $C : f(x, y, z) = 0$ の単純点で，$c = 1$ とする．C の固有平面での定義式は，$F(x, y) = f(x, y, 1)$ とおけば，$F(x, y) = 0$ である．$F(x, y)$ を $x-a, y-b$ の整式の形に表すと，$F(a, b) = 0$ であるから，

$$F(x, y) = F_x(a, b)(x-a) + F_y(a, b)(y-b) + \frac{1}{2}\{F_{xx}(a, b)(x-a)^2$$

$+ 2F_{xy}(a, b)(x-a)(y-b) + F_{yy}(a, b)(y-b)^2\} + [(x-a), (y-b)$ について 3次以上の項の和] $\cdots$ ①

である．（定理3.1.2 および，その後の問2参照）

　定理3.4.2 と，その証明における計算から，前ページの①の 1 次の部分 $F_x(a,b)(x-a)+F_y(a,b)(y-b)$ は，$g(x,y,z)=f_x(a,b,c)x+f_y(a,b,c)y+f_z(a,b,c)z$ とおいたとき，$g(x,y,1)$ に等しい．

　① の 2 次 の 部 分 の 2 倍 $F_{xx}(a,b)(x-a)^2+2F_{xy}(a,b)(x-a)(y-b)+F_{yy}(a,b)(y-b)^2$ と，次の 2 次斉次式 $h(x,y,z)=f_{xx}(a,b,1)x^2+f_{yy}(a,b,1)y^2+f_{zz}(a,b,1)z^2+2f_{xy}(a,b,1)xy+2f_{yz}(a,b,1)yz+2f_{zx}(a,b,1)zx$ に $z=1$ を代入したもの $h(x,y,1)$ とを比べてみよう．

　定理3.1.1 を $f(x,y,z)$, $f_x(x,y,z)$, $f_y(x,y,z)$, $f_z(x,y,z)$ に適用して $x=a, y=b, z=1$ を代入することによって，次の等式が得られることに注意しておこう．

$$f_x(a,b,1)a+f_y(a,b,1)b+f_z(a,b,1)=df(a,b,1)=0$$
$$f_{xx}(a,b,1)a+f_{xy}(a,b,1)b+f_{xz}(a,b,1)=(d-1)f_x(a,b,1)$$
$$f_{yx}(a,b,1)a+f_{yy}(a,b,1)b+f_{yz}(a,b,1)=(d-1)f_y(a,b,1)$$
$$f_{zx}(a,b,1)a+f_{zy}(a,b,1)b+f_{zz}(a,b,1)=(d-1)f_z(a,b,1)$$

また，$F(x,y)=f(x,y,1)$ であるから，$F_{xx}(x,y)=f_{xx}(x,y,1)$, $F_{xy}(x,y)=f_{xy}(x,y,1)$, $F_{yy}(x,y)=f_{yy}(x,y,1)$ である．

$$h(x,y,1)-\{F_{xx}(a,b)(x-a)^2+2F_{xy}(a,b)(x-a)(y-b)+F_{yy}(a,b)(y-b)^2\}$$
$$=f_{zz}(a,b,1)+2f_{yz}(a,b,1)y+2f_{zx}(a,b,1)x+f_{xx}(a,b,1)(2ax-a^2)$$
$$\quad+2f_{xy}(a,b,1)(ay+bx-ab)+f_{yy}(a,b,1)(2by-b^2)$$
$$=f_{zz}(a,b,1)-f_{xx}(a,b,1)a^2-2f_{xy}(a,b,1)ab-f_{yy}(a,b,1)b^2$$
$$\quad+2x\{f_{zx}(a,b,1)+f_{xx}(a,b,1)a+f_{xy}(a,b,1)b\}+2y\{f_{yz}(a,b,1)$$
$$\quad+f_{xy}(a,b,1)a+f_{yy}(a,b,1)b\}$$
$$=f_{zz}(a,b,1)-(d-1)f_x(a,b,1)a+f_{xz}(a,b,1)a-(d-1)f_y(a,b,1)b$$
$$\quad+f_{yz}(a,b,1)b+2x(d-1)f_x(a,b,1)+2y(d-1)f_y(a,b,1)$$
$$=(d-1)f_z(a,b,1)-(d-1)f_x(a,b,1)a-(d-1)f_y(a,b,c)b$$
$$\quad+2(d-1)\{f_x(a,b,1)x+f_y(a,b,1)y\}$$
$$=2(d-1)\{f_z(a,b,1)+f_x(a,b,1)x+f_y(a,b,1)y\}=2(d-1)g(x,y,1)$$

すなわち，2 次の部分についての結論は：

$$F_{xx}(a, b)(x-a)^2+2F_{xy}(a, b)(x-a)(y-b)+F_{yy}(a, b)(y-b)^2$$
$$=h(x, y, 1)-2(d-1)g(x, y, 1)$$

　さて，d 次曲線 $C: f(x, y, z)=0$ （$f(x, y, z)$ は d 次斉次式；$d\geqq3$）に対して，$f(x, y, z)$ の2階の偏導関数を用いた行列式

$$\begin{vmatrix} f_{xx}(x, y, z) & f_{xy}(x, y, z) & f_{xz}(x, y, z) \\ f_{yx}(x, y, z) & f_{yy}(x, y, z) & f_{yz}(x, y, z) \\ f_{zx}(x, y, z) & f_{zy}(x, y, z) & f_{zz}(x, y, z) \end{vmatrix}$$

すなわち，

$$f_{xx}(x, y, z)f_{yy}(x, y, z)f_{zz}(x, y, z)+f_{xy}(x, y, z)f_{yz}(x, y, z)f_{zx}(x, y, z)$$
$$+f_{xz}(x, y, z)f_{yx}(x, y, z)f_{zy}(x, y, z)-f_{xx}(x, y, z)f_{zy}(x, y, z)f_{yz}(x, y, z)$$
$$-f_{xy}(x, y, z)f_{yx}(x, y, z)f_{zz}(x, y, z)-f_{xz}(x, y, z)f_{yy}(x, y, z)f_{zx}(x, y, z)$$

を C の，または $f(x, y, z)$ の**ヘッセ行列式**といい，このヘッセ行列式$=0$ で定義される $3(d-2)$ 次曲線を C の**ヘッセ曲線**と呼ぶ．

　定理5.1.1.　複素射影平面上の d 次曲線 $C: f(x, y, z)=0$ （ただし $d \geqq3$）の点Pが C の変曲点であるための必要十分条件は，Pが C の単純点であって，C とそのヘッセ曲線Hとの共通点であることである．

　証明　定理の前に用いた $g(x, y, z)$，$h(x, y, z)$ は同様に用いる．P(a, b, c) が C の単純点であり，H の点でもあるとしよう．$c\neq0$，したがって $c=1$ と仮定しても一般性を失わない．定理3.4.2により，Pにおける C の接線 T の方程式は $g(x, y, 1)=0$ である．次に，2次曲線 $Q: h(x, y, z)=0$ を考えよう．Pが H の点でもあることから，定理2.3.2により，Q は直線を成分に持つ．

$$f_{xx}(a, b, 1)a^2+f_{xy}(a, b, 1)ab+f_{xz}(a, b, 1)a=(d-1)f_x(a, b, 1)a$$
$$f_{yx}(a, b, 1)ab+f_{yy}(a, b, 1)b^2+f_{yz}(a, b, 1)b=(d-1)f_y(a, b, 1)b$$
$$f_{zx}(a, b, 1)a+f_{zy}(a, b, 1)b+f_{zz}(a, b, 1)=(d-1)f_z(a, b, 1)$$

であることと，$f_{xy}(x, y, z)=f_{yx}(x, y, z)$ など，偏微分の順序はかえても偏導関数は変わらないことに留意すると，$h(x, y, z)$ にPの座標を代入すれば上の3式を加えたものになり，それは定理3.1.1により $d(d-1)f(a, b, 1)$ すなわち0になる．ゆえに Q はPを通る．さらに，$h(x, y, z)$ の偏導関

数は:

$$h_x(x, y, z) = 2f_{xx}(a, b, 1)x + 2f_{xy}(a, b, 1)y + 2f_{xu}(a, b, 1)z$$
$$h_y(x, y, z) = 2f_{yy}(a, b, 1)y + 2f_{xy}(a, b, 1)x + 2f_{yz}(a, b, 1)z$$
$$h_z(x, y, z) = 2f_{zz}(a, b, 1)z + 2f_{yz}(a, b, 1)y + 2f_{xz}(a, b, 1)x$$

であり，これらに P の座標を代入すれば $2(d-1)f_x(a, b, 1)$, $2(d-1)f_y(a, b, 1)$, $2(d-1)f_z(a, b, 1)$ になる．P が C の単純点であったから，これらがすべて 0 ということはない．したがって，P は Q の単純点である．P における Q の接線の方程式は定理3.4.2 により

$$h_x(a, b, 1)x + h_y(a, b, 1)y + h_z(a, b, 1)z = 0$$

であり，上での計算から，この式を $2(d-1)$ で割れば P における C の接線 T の方程式と一致する．すなわち，T は P における Q の接線である．上で知ったように Q が直線を成分に持つので，T は Q の成分である．①の 2 次の部分についての結論から，①の 2 次の部分は接線 T の上での値が 0 である．ゆえに，P での T と C との接触の位数は 3 以上，すなわち P は変曲点である．

　逆に，$P(a, b, c)$ が C の変曲線であるとしよう．$c=1$ としてよい．すると，①が得られ，その 2 次の部分は T の上での値が 0 でなくてはならない．①の 2 次の部分についての結論から，$h(x, y, 1)$ も T の上での値が 0，したがって $Q : h(x, y, z) = 0$ は直線 T を成分に持つ．ゆえに，定理2.3.2 により，ヘッセ行列式の値が P で 0 になり，$P \in H$.（証明終わり）

　定理5.1.2. 複素射影平面上の d 次曲線 C について，$d \geqq 3$ であって，C が特異点を持たないならば，C は変曲点を持つ．

　証明 C のヘッセ曲線 H は $3(d-2)$ 次曲線であるので，ベズーの定理により，H と C とは点を共有する．（証明終わり）

　注意 曲線の次数が 3 以上であれば，その曲線に特異点があっても，変曲点もある可能性があることは，上の証明からわかるであろう．しかし，ヘッセ曲線との交点がすべて特異点である可能性もあり，そのような場合には変曲点がないことになる．そのような 4 次曲線の例を示しておく．なお，そのような例は 3 次曲線では（1 直線を 3 重にした場合を除いて）存在しないが，重要なこととは思わ

れないので，その証明は省く．なお，直線が成分である場合は，その直線上の点
で，他の成分上にはのっていない点は変曲点である．理由：その点での接線はそ
の直線だから，接線と曲線の接触の位数は無限大である．

　　例　4次曲線　$C: x^4+y^2z^2=0$　には変曲点はない．

　　証明　ヘッセ行列式は

$$\begin{vmatrix} 12x^2 & 0 & 0 \\ 0 & 2z^2 & 4yz \\ 0 & 4yz & 2y^2 \end{vmatrix} = -144x^2y^2z^2$$

であるから，ヘッセ曲線上の点は　$x=0$　または　$y=0$　または　$z=0$　でなく
てはならない．C 上の点が　$x=0$　をみたせば，$y^2z^2=0$ をみたすので，そ
の点は　$(0,0,1)$ または $(0,1,0)$ である．これらはいずれも特異点である．
$y=0$　または　$z=0$　をみたす点については，C の定義式が　$x^4+y^2z^2=0$　で
あるから　$x=0$　をみたし，特異点である．したがって，この曲線には変曲
点はない．（証明終わり）

5.2. 特異点のない3次曲線の標準形

　　定理5.2.1.　複素射影平面における3次曲線 C に特異点がなければ，適
当な座標変換をすれば，C の定義式が

$$y^2z-x(x-z)(x-cz)=0 \quad (c \text{ は } 0,1 \text{ 以外の定数})$$

の形になる．

　　この形での定義式を C の**標準形**という．

　　注意　§4.2 で，この形の定義式をもつ3次曲線が特異点を持たないことと，一
つの媒介変数の有理関数（分数関数）による媒介変数表示ができないことを証明
した．そのときに予告したのがこの定理である．

　　証明　定理5.1.2より，C には変曲点がある．その一つをPとし，Pの
座標が $(0,1,0)$ であって，Pにおける C の接線が $z=0$，すなわち無限遠直
線であるように座標変換をする．すると，C の定義式に $y=1$ を代入すれ
ば $z+bxz+cz^2+g(x,z)=0$ （$g(x,z)$ は x,z の3次斉次式）の形になる．
左辺は z で割り切れてはいけないから $g(x,z)$ には x^3 が 0 でない係数で

現れる．すなわち，C の定義方程式は $zy^2+bxyz+cyz^2+a_0x^3+a_1x^2z$ $+a_2xz^2+a_3z^0=0$　（$u_0 \neq 0$）の形になる．C の固有平面での定義式は y^2 $+bxy+cy+a_0x^3+a_1x^2+a_2x+a_3=0$ となり，これを y について解けば y $=b'x+c' \pm \sqrt{k(x)}$　（$k(x)$ は x の3次式）の形の解が得られる．$y'=y$ $-b'x-c'$ とおけば $y'^2=k(x)$ の形の方程式になるので，C の方程式は $y^2=a_0(x-c_1)(x-c_2)(x-c_3)$ であるとしてよい．$c_1=c_2$ であれば，$F(x,y)$ $=y^2-a_0(x-c_1)(x-c_2)(x-c_3)$ に対し，$F_x(x,y)$ は $x-c_1$ で割り切れて，$F_y(x,y)=2y$ であるから，C 上の点 $(c_1,0)$ は特異点である．これは C について の仮定に反する．同様にして，c_1,c_2,c_3 は互いに異なる．次に，x の代わりに $x-c_1$ を考えれば，C の固有平面での方程式が $y^2=a_0x(x-c_2)(x-c_3)$ すなわち，射影平面での定義式が $y^2z=a_0x(x-c_2z)(x-c_3z)$　（$c_2 \neq c_3$; $c_2 \neq 0, c_3 \neq 0$）であるとしてよい．z の代わりに c_2z を考えて $c_2=1$ の場合に帰着させ，さらに y の代わりに $y/\sqrt{a_0}$ を考えれば，定理が主張する形の方程式になる．（証明終わり）

問　3次曲線 $C : x^3+y^3+z^3=0$ の変曲点をすべて求めよ．また，P_1, P_2 が C の変曲点であれば，P_1 と P_2 を結ぶ直線 C' と C との第3の交点も変曲点であることを確かめよ．

注意　一般に，3次曲線 C に特異点がなく，互いに異なる2点 P_1, P_2 がともに変曲点であれば，P_1, P_2 を結ぶ直線と C との第3の交点も変曲点であることが知られている．

5.3. 3次曲線上での幾何学的演算

3次曲線に特異点がない場合，その上の点についての加法・減法で幾何学的に定義されるものがある．その曲線の方程式を定めた上で，2点 P, Q の座標を与えて，$P+Q$ の座標を計算するのは簡単なことではないが，演算が図形でなされるところに良さがある．このような演算が平面曲線でできるのは，特異点をもたない3次曲線だけである．

特異点のない3次曲線 C を固定し，C の1点 E も固定する．$P, Q \in C$

のとき，L_{PQ} は，P≠Q ならばP, Q を結ぶ直線を，P=Q の場合は，Pに
おける C の接線を表すものとする．この記号を利用して，任意のP, Q∈C
に対し，その和 P+Q を次のように定義する：L_{PQ} と C との第3の交点
をRとし，L_{RE} と C との第3の交点を P+Q と定める．

　　注意　E を取り替えると，別の演算が得られる．

　この定義で演算がうまくできることを知るために，この演算の性質を調
べよう．

　性質(1)　$L_{PQ}=L_{QP}$ であるから，P+Q=Q+P である．

　性質(2)　P+E を考えよう．上で Q=E のとき，L_{PE} と C の第3の交点
Rをとると，L_{RE} は L_{PE} と同じ直線になるから，P+E=P である．したが
って，性質(1)により，E+P=P である．

　性質(3)　L_{EE} と C との第3の交点を J とし，L_{PJ} と C との第3の交点を
P′ とすると，P+P′=E になる．（$L_{PP'}$ と C との第3の交点が J であり，
L_{JE} と C との第3の交点は E であるから．）

　これらのことは，数の加法での 0 に相当するのが E で，−P に相当する
のが P′ であることを示している．そこで，P に対し，上で得た P′ をマイ
ナス P と呼び，−P で表そう．すると，減法 P−Q は，P+(−Q) として
定義される．

　数の加法では結合法則も重要であるが，今定義した演算でも結合法則が
成り立っている．

　定理5.3.1.（結合法則）P, Q, S∈C のとき P+(Q+S)=(P+Q)+S で
ある．

　証明　点 R は上の定義のときと同様にする．$L_{P+Q,S}$ と C との第3の交点
を T とすれば，L_{TE} と C の第3の交点が (P+Q)+S である．L_{QS} と C と
の第3の交点を U とする．L_{UE} と C の第3の交点が Q+S であるので，
$L_{Q+S,P}$ の C との第3の交点が T と一致することがわかれば，P+(Q+S)，
(P+Q)+S が，ともに L_{TE} と C の第3の交点であるから，定理の等式が得
られ証明が完了するので，点 T について証明しよう．煩雑な議論を避ける

ために，今まで述べた点のうち，E, P, Q, R, P｜Q, S, T, U, Q+S の9点が互いに異なる場合について証明しよう。

（そうでない場合の証明は，P, Q, S を連続的に動かせば，これらの点全部が連続的に動くことを利用するのであるが，細かい議論は省略する。）

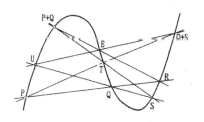

$C^* = L_{PQ} \cup L_{P+Q,S} \cup L_{UE}$ は3次曲線と考えられ，C^* と C との交点は上で述べた9点である。他方 $C'' = L_{RE} \cup L_{QS} \cup L_{P,Q+S}$ も3次曲線と考えられ，C'' は上の9点のうち，T 以外の8点を通る。したがって，定理4.4.1により，C'' は T も通るから，$L_{P,Q+S}$ と C の交点は T である。（証明終わり）

上での演算には E は C の任意の1点でよいのであるが，E として変曲点を選ぶと，演算の様子がわかり易い。すなわち，

定理5.3.2. 特異点のない3次曲線 C において，変曲点を上の定義の E として採用すると，

(1) $P \in C$ に対し，$P + Q = E$ となる C の点 Q，すなわち，$-P$ は L_{PE} と C の第3の交点である。

(2) $P, Q, R \in C$ のとき，$P + Q + R = E$ であるための必要十分条件は，R が L_{PQ} と C の第3の交点であることである。

(3) 定理5.2.2で得た標準形を適用して C は $y^2 z - x(x-z)(x-cz) = 0$ であるとしよう。E として変曲点 $(0, 1, 0)$ を採用すると，固有平面内の C の点 $P(a, b, 1)$ $(b^2 = a(a-1)(a-c))$ に対し，$-P$ は $(a, -b, 1)$ である。

証明 (1): 前ページの性質(3)で述べたことをみると，E は変曲点であるから L_{EE}，すなわち E における C の接線と C の第3の交点は E である。したがって，そこで述べた J は E と一致しているので，Q は L_{PE} と C の第3の交点である。

(2): R が L_{PQ} と C の第3の交点であれば，$P + Q$ の定義から $P + Q$ は L_{RE} と C の第3の交点である。したがって，(1)により $P + Q + R = E$ がわかる。逆に，$P + Q + R = E$ であれば，L_{PQ} の C との第3の交点 R' によっ

て，P+Q+R′=E となるから，上の性質(1)～(3)を利用して：

$$R′=R′+E=R′+P+Q+R=P+Q+R′+R=E+R=R$$

(3): E の座標が $(0,1,0)$ であるので，$x-dz=0$（d は定数）の形の直線が E を通る．ゆえに L_{PE} は $x-az=0$ であり，(3)がわかる．（証明終わり）

5.4. 特異点のない３次曲線の形

複素射影直線は球面と考えられることは前に述べた．ここでは，複素射影平面の３次曲線で，特異点のないものは，円環面，すなわち，ドーナツの面のように，ユークリッド平面の円 $(x-2)^2+y^2=1$ を，３次元空間の中で x 軸の周りに１回転してできる面の形をしていると考えられることの大まかな説明を付け加えておこう．

標準形（定理5.2.1）によれば，方程式は $y^2z=x(x-z)(x-cz)$（$c\neq0$，1）であるとしてよい．そして，この曲線 C の点 $P(a,b,c)$ に対して，射影直線 $\boldsymbol{P}$ の点を次のように対応させる．

(1) $c\neq0$ のとき，P には $(a,c)\in\boldsymbol{P}$ を，(2) $c=0$ のときは $(1,0)\in\boldsymbol{P}$ を対応させる．

すると，$\boldsymbol{P}$ の４点 $P_1=(0,1)$，$P_2=(1,1)$，$P_3=(c,1)$，$P_4=(1,0)$ 以外の点 $Q_t=(t,1)$ を考えると $f_t=t(t-1)(t-c)\neq0$ であるから，$\sqrt{f_t}$ の値は二通りある．一方を $\sqrt{f_t}$ で表せば，もう一つは $-\sqrt{f_t}$ であるので，Q_t に対応する C の点は $(t,\sqrt{f_t},1)$，$(t,-\sqrt{f_t},1)$ の２点である．

注意 $\boldsymbol{P}$ の点としては $(t,1)=(1,t^{-1})$ であるので，$t\to\infty$ のとき，$(t,1)\to(1,0)$ である．またそのとき，$|\sqrt{f_t}|\fallingdotseq|t^{\frac{3}{2}}|$ であるから $(t,\sqrt{f_t},1)\to(0,1,0)$，$(t,-\sqrt{f_t},1)\to(0,1,0)$ であることに注意せよ．このことが，上の(2)の対応を決めた理由である．

もちろん，P_j（$j=1,2,3,4$）には１点ずつが対応する．そこで，$\boldsymbol{P}$ において，図のように，P_1,P_2 を含む小さい領域 D_1 と P_3,P_4 を含む小さい領域 D_2 とを考え，$\boldsymbol{P}$ から $D_1\cup D_2$ を除いた領域の点に対応する C の点集合は，それと同様な形と見られる２枚のものに別れる．その各々は球面に２

個の穴を開けた形と考えられる．D_1, D_2 を小さ
くして行けば，それぞれは，P_1, P_2 または P_0, P_4
を結ぶ線分 L_1, L_2 に近づくので，L_1, L_2 に対応
する C の点の作る 2 円が境界になって，球面に
二つの穴をあけたもの（その曲がり方を変えれ
ば，円筒を曲げたものになる）を 2 個くっつけ
た形，すなわち，円環面と考えられる．

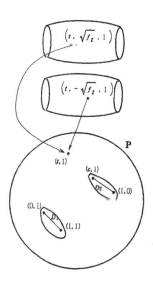

第 **6** 章

座標環・関数体

　数学では，いろいろな「多様体（たようたい）」と呼ばれる対象があつか
われるが，それらは，簡単に言えば，点集合とその上で定義された関数の
集合の組み合わせである．どの範囲の関数を考えるかによって，同じ点集
合が異なる多様体になり得る．代数幾何では，平面上の曲線を考えるとき
は，点集合としての曲線に，座標を用いて分数式の形に表される関数を組

み合わせる．

　そのようにして定められる，代数多様体としての曲線を考察しよう．そのために，用いられる関数の定義に関する事項から始めよう．なお，§2.1で，実射影直線は図形としては円と同じと考えてよいと述べたが，実射影直線と円とは，実数の範囲での関数に制限して多様体として扱えば，多様体として同じである．本書では，複素数の範囲を主体としているので，複素射影直線と複素射影平面上の曲線 $x^2+y^2=z^2$ とが多様体として同じであることを含めて §6.3 で述べる．

6.1. アフィン平面上の曲線の座標環・関数体

　アフィン平面上で，x, y は平面上の点 P に対して，その座標を示す関数であるので，**座標関数**という．方程式 $f(x, y)=0$ で定義された平面上の曲線 C を考えたとき，x, y は平面上で定義された関数であるが，x, y を C 上だけに制限して考えることもできる．平面全体で考えた場合は，x, y は独立に変わることができる，いわゆる，独立変数であるが，C だけに制限すれば，$f(x, y)=0$ という制約があるので，普通，x の値一つに対し，y の値は有限個しか取り得ないので，同じ x, y から出発しながら，意味・性格の異なる関数になる．この新しい関数を，一応 t, u で表そう．

　注意1 多くの場合，x, y の一方は自由に変化することができる．そこで，t, u の一方は x, y の一方を，そのまま利用する．また，性格が変わったことを断った上で，x, y を使うこともある．

　上の関数 t, u の整式で表されるものも，C 上の関数である．そこで，係数の範囲を，複素数全体 **C** にした場合の，そのような関数全体を，C の（**C** 上の）**座標環**と呼び，$C[C]$ または $C[t, u]$ で表す．ここで**環**（かん）というのは，その中の任意の 2 元に対し，加法，減法，乗法ができて，**結合法則** $[a+(b+c)=(a+b)+c, \ a(bc)=(ab)c]$，**分配法則** $[a(b+c)=ab+ac]$ および交換法則 $[a+b=b+a, \ ab=ba]$ がなりたっている集合であることを意味している．

C の定義式 $f(x, y)=0$ の係数が実数ばかりであるときには，上の関数 t, u の実数係数の整式で表される関数全体を考え，それを，$R[C]$ または $R[t, u]$ で表し，C の R 上の**座標環**という．

例1． 2次曲線 $y=x^2$ の座標環

x は自由に変化することができ，y は x^2 として決まるのであるから，C の上，R の上の座標環はそれぞれ $C[x]$，$R[x]$ である．上の t, u を用いれば，$C[t]$，$R[t]$ である．

例2． 曲線 $y^2=x^3+x+1$ の座標環

x は自由に変化することができ，y は $\sqrt{x^3+x+1}$ として決まるのであるから，C の上，R の上の座標環はそれぞれ $C[x, \sqrt{x^3+x+1}]$，$R[x, \sqrt{x^3+x+1}]$ である．上の t, u を用いれば，$C[t, u]$，$R[t, u]$ ただし，$u^2=t^3+t+1$，である．

注意2 実数に対して，記号 $\sqrt{}$ は，$a>0$ ならば，平方して a になる正の数を $\sqrt{a}$ で表すという規則があるが，ここではそのような規則には縛られずに，複素数 c に対し $\sqrt{c}$ は平方して c になる複素数の一つを表すという規則に従う．平方して c になる複素数は $c\neq0$ ならば二つあり，その一方が $\sqrt{c}$ で表され，他方が $-\sqrt{c}$ で表されるのである．上の u を x の関数と考えれば $\sqrt{x^3+x+1}$ は x に対して，2個の値が定まる関数と考えられるので x の **2価関数**であるという．

平面曲線 C の座標環 $C[C]$ を考える．C の点 P に対し $I(\mathrm{P})=\{f\in C[C] \mid f(\mathrm{P})=0\}$ を，座標環 $C[C]$ における P の**イデアル**という．

C の定義式が実数係数の場合には R の上の座標環における P のイデアル $\{f\in R[C] \mid f(\mathrm{P})=0\}$ すなわち，$I(\mathrm{P})\cap R[C]$ も考える．

定理1.6.1. P，Q が C の互いに異なる点であれば，そのイデアル $I(\mathrm{P})$，$I(\mathrm{Q})$ は互いに異なる．

注意3 C の定義式が実数係数の場合の $I(\mathrm{P})\cap R[C]$，$I(\mathrm{Q})\cap R[C]$ については，P，Q の座標がそれぞれ $(a+bi, c+di)$，$(a-bi, c-di)$（a, b, c, d は実数，i は虚数単位）であるときには $I(\mathrm{P})\cap R[C]=I(\mathrm{Q})\cap R[C]$ になる．

証明 x, y を C に制限した関数を上のように，t, u で表そう．P，Q の座

標が (p, p'), (q, q') であれば，$I(\mathrm{P})$ の元は $(t-p)f+(u-p')g$　$(f, g\in$ $\boldsymbol{C}[C])$ の形に表されるもの全体であり，$I(\mathrm{Q})$ の元は $(t-q)f+(u-q')q$ $(f, g\in\boldsymbol{C}[C])$ の形に表されるもの全体である．$p\neq q$ ならば，$t-p\not\in I(\mathrm{Q})$, $t-q\not\in I(\mathrm{P})$ である．$p'\neq q'$ のときも同様である．（証明終わり）

　　上の定理は，曲線 C に関する情報が座標環 $\boldsymbol{C}[C]$ に込められていること を示している．

　　曲線 C の定義式 $f(x, y)=0$ において，$f(x, y)$ が既約多項式（複素数係 数の範囲でも因数分解できない多項式）である場合については，C 上の関 数として，座標環の元だけでなく，$f/g\,(f,\ g\in\boldsymbol{C}[C]; g\neq 0)$ の形のものを C の上の関数とする．分母 g は C のある点で 0 になるかも知れないが，そ れを許容して関数として扱う．したがって，C の上の関数とは言うものの， **定義域**，すなわち，分母が 0 にならない C の点全体は，関数が定数でない 場合には，C 全体ではない．このように定めた関数全体では，加法，減法， 乗法だけでなく，除法もできることになる．（$f(x, y)$ が既約多項式でないと 困る理由は，$f(x, y)=f_1(x, y)f_2(x, y)$ とすると $f_i(t, u)\neq 0$ $(i=1, 2)$ なの に，$f_1(t, u)f_2(t, u)=f(t, u)=0$ であるから，$(1/f_1(t, u))\,(1/f_2(t, u))=1/0$ となって困る）．このような関数全体を C の**関数体**といい，$\boldsymbol{C}(C)$ で表す．

　　ここで，**体**（たい）というのは，環であるだけでなく，0 でない元 f がす べて**逆元** f^{-1}　$(ff^{-1}=1)$ を持つことを意味する．

　　C の定義式の係数が実数ばかりであるときは，座標環 $\boldsymbol{R}[C]$ の元の分数 形で表される関数全体も考え，C の実数体 $\boldsymbol{R}$ の上の**関数体**という．

　　定理6.1.2.　2次曲線 $x^2+y^2=1$ の関数体は1変数 z をうまく選べば， $\boldsymbol{C}(z)=\{f(z)/g(z)\mid f(z),\ g(z)$ は z の多項式，$g(z)\neq 0\}$ となる．実数体 $\boldsymbol{R}$ の 上の関数体も，同じ z を用いて　$\boldsymbol{R}(z)=\{f(z)/g(z)\mid f(z),\ g(z)$ は z の多項 式，$g(z)\neq 0\}$ である．

　　この $\boldsymbol{C}(z)$，$\boldsymbol{R}(z)$ は変数 z の分数式全体からなるので，それぞれ，z の， C の上の，または，$\boldsymbol{R}$ の上の**有理関数体**と呼ばれる．

　　証明　x はそのまま C 上の関数と考え，u は y を C に制限した関数と する．$z=x/(1-u)$ は C の上の関数である．$z^2+1=x^2/(1-u)^2+1=(x^2$

$+1-2u+u^2)/(1-u)^2=2/(1-u)$ であるから, $x=2z/(z^2+1)$. 同様な計算により, $u=(z^2-1)/(z^2+1)$ が得られる. すなわち, z は C の上の関数であり, x, u ともに $\boldsymbol{R}(z)$, $\boldsymbol{C}(z)$ に属するから, x, u の分数式で表される関数も, 実数係数, 複素数係数, それぞれの場合について, すべて $\boldsymbol{R}(z)$, $\boldsymbol{C}(z)$ に属しているから, C の関数体は $\boldsymbol{C}(z)$ と一致し, C の実数体 $\boldsymbol{R}$ の上の関数体は $\boldsymbol{R}(z)$ と一致する. (証明終わり)

問　§4.1 で扱った「媒介変数表示ができる曲線」(を固有平面で考えたもの) の関数体は1変数の有理関数体であることを確かめよ. また, 直線 $ax+by=c$ $((a,b) \neq (0,0))$ の関数体は1変数の有理関数体であることを確かめよ.

6.2. 射影平面上の曲線の座標環・関数体

射影平面上の曲線 $C : f(x, y, z)=0$ $(f(x, y, z)$ は d 次斉次式) に対して, 環 $\boldsymbol{C}[x, y, z]/(f)$ すなわち, 3変数 t, u, v が $f(t, u, v)=0$ という関係で定義されている $(g(x, y, z) \in \boldsymbol{C}[x, y, z]$ のとき, $g(t, u, v)=0 \Longleftrightarrow g(x, y, z)$ が $f(x, y, z)$ で割り切れる) ものとして, $\boldsymbol{C}$ 係数の t, u, v の整式の形で得られる関数全体を C の**斉次座標環**(せいじざひょうかん)という.

アフィン平面の場合と同様に, t, u, v のうちの2個は, x, y, z から選ぶことができる.

例1. 直線の斉次座標環

直線の定義式が $z=0$ であれば, 斉次座標環は $\boldsymbol{C}[x, y]$ であると考えられる. 定義式が $ax+by+cz=0$ $(c \neq 0)$ であれば, 上の記号での t, u, v は, $t=x$, $y=u$, $v=-c^{-1}ax-c^{-1}by$ としてよいので, 斉次座標環は $\boldsymbol{C}[x, y]$ である.

したがって, 一般に, 直線の斉次座標環は $\boldsymbol{C}$ 係数の2変数の多項式全体のなす環である.

例2. 2次曲線 $x^2+y^2-z^2=0$ の斉次座標環

上の記号での t, u, v は，$t=x$，$u=y$，$v^2=x^2+y^2$ でよいから，$v=\sqrt{x^2+y^2}$ で，斉次座標環は，$C[x, y, \sqrt{x^2+y^2}]$ である．

アフィン平面の曲線の場合には，座標環の元は曲線の上の関数であったが，斉次座標環の場合は違う．すなわち，t, u, v を上のようにとって，曲線 C の斉次座標環 $H=C[t, u, v]$ を考え，その元 $f(t, u, v)$ に C の点 $P(a, b, c)$ の座標 (a, b, c) を代入することを考えた場合，たとえば t に代入するとして，P の座標は (as, bs, cs) でもよいのだから，t に代入した値は a なのか，as なのかわからないのである．そこで，C の定義式 $f(x, y, z)=0$ において $f(x, y, z)$ が既約である場合について，次のように定義する．$H=C[t, u, v]$ が曲線 C の斉次座標環であるとき，C の上の **関数** は，t, u, v についての二つの同じ次数の斉次式 $g(t, u, v)$，$h(t, u, v)$ であって $h(t, u, v) \neq 0$ であるものにより，$g(t, u, v)/h(t, u, v)$ と表されるものである．

注意 0 は任意の次数の斉次式と考えられているので，$g(t, u, v)=0$ の場合により，常に 0 という値を取る関数も，C の上の関数に仲間入りをしている．

この定義の関数と，アフィン平面の曲線の関数の関係をはっきりさせよう．既約な d 次斉次式 $f(x, y, z)$ による曲線 $C:f(x, y, z)=0$ の固有平面にある部分 C_3 は $f(x, y, 1)=0$ で定義された曲線であるが，$X=x/z$，$Y=y/z$ とおけば，$f(x, y, z)=z^d f(X, Y, 1)$ となり，X, Y は上で定義したのと同様な意味での，アフィン平面の上の関数であるので，C_3 の定義式はこの関数 X, Y を用いた方程式 $f(X, Y, 1)=0$ であると考えるのが自然である．同様に，アフィン平面 $x \neq 0$ にある部分 C_1，アフィン平面 $y \neq 0$ にある部分 C_2 は，それぞれ，$Y'=y/x$，$Z'=z/x$；$X''=x/y$，$Z''=z/y$ を用いた方程式 $f(1, Y', Z')=0$；$f(X'', 1, Z'')=0$ で定義された曲線であると考えるのである．上で述べた t, u, v を用いれば，C の斉次座標環が $C[t, u, v]$ で，C_1, C_2, C_3 の座標環はそれぞれ $C[u/t, v/t]$，$C[t/u, v/u]$，$C[t/v, u/v]$ である．C_1 の関数体（$u/t, v/t$ の分数式で表されるもの全体），C_2 の関数体（$t/u, v/u$ の分数式で表されるもの全体），C_3 の関数体（$t/v, u/v$ の分数

式で表されるもの全体）は，いずれも C の上の関数全体と一致するので，これを C の**関数体**といい，$C(C)$ で表す．

　定義式の係数が実数である場合には，実数体の上の関数体 $R(C)$ が同様に定義される．

　アフィン平面で曲線を考えることは，射影平面での曲線を，無限遠直線上にある部分を省いて観察する意味を持つのであるが，上のように考えれば関数は射影平面での曲線と，それをアフィン平面へ制限した曲線と，共通になって，関連が密接になる．

6.3. 円と直線は同じ？

　同じという概念は，大分あいまいである．直線 $x=0$ と直線 $y=0$ とは同じかと聞けば，同じではないという答が返って来るであろう．確かに，この 2 直線は向きが違う．ところが，A君，B君が持っている，同一科目の教科書を指さして，この 2 冊は同じかと聞けば，同じという答が返って来るであろう．しかし，この場合，その 2 冊の本は，記名してあればそれは違うし，二人の持ち方も全然違うかもしれないのに同じというのである．

　一番狭い意味での同じは，同一ということであろう．上の直線の場合は，この意味で，同じではないのである．本の場合は，表題を含めて，内容が同じならば，同じというのが普通であろう．

　図形については，普通の幾何，すなわち，ユークリッド幾何学では，合同，すなわち，図形を移動させて（平行移動，回転，裏返しを組み合わせた移動が許容される），重ね合わすことができるという性質を重要視して「合同な図形は，図形としては同じ」であると考える．

　代数幾何を含む，もう少し条件をゆるめて考える幾何学には，**多様体**という概念が基礎にあるので，それをまず説明しよう．図形には，その上で定義された関数の集合を付随させて考えるのが，その出発点である．その場合，考えるべき関数は図形全域で定義されない場合が多いので，図形をいくつかの部分に分けて，その部分ごとに，そこで定義された関数の集合を考えるのである．もちろん，関数を部分ごとに無関係にきめたのではよ

くないので，図形のほぼ全体で定義された関数のある集合，Ω で表そう，を定めた上で，各部分，U で表そう，に付随させる関数の集合としては，$\{g \in \Omega \mid g$ の定義域は U を含む$\}$ とするのである．

代数幾何で普通考えられるのは複素数の範囲の関数であるが，考察を簡単に済ませることができるように，実数の範囲での関数を考えた場合から始めよう．

例1．実射影直線 P と円 C．P の点の座標は (x, y) の形に表す．P から点 $(1, 0)$ を除いたアフィン直線 L_0 の座標環は $R[x/y]$ で，P から点 $(0,1)$ を除いたアフィン直線 L_1 の座標環は $R[y/x]$ である．点 $(a, 1)$ で定義される (すなわち，点 $(a, 1)$ で正則な) 関数は一つの変数 x/y についての実数係数の分数式であって，分母の式の x/y に 0 を代入して 0 にならないという条件をみたすものである．多様体としては，L_0 にはその上で正則な関数の集合である座標環 $R[x/y]$ を考え，L_1 には同様に $R[y/x]$ を考えるのが一つの考え方である．

円 C を実数の範囲で考えれば，アフィン平面上の曲線としての座標環は $R[t, u]$ (ただし，$t^2 + u^2 = 1$) としてよい．変数 z を考えて，$t = \cos z$, $u = \sin z$ とするのも便利である．C の点 (a, b) で正則な関数として扱うのは，t, u の実数係数の分数式で，分母のその点での値が 0 でないという条件をみたすものである．この場合，射影直線のように部分を複数考える必要はないが，後で，円が多様体として実射影直線と同じであることを示すときには，射影直線を L_0, L_1 に分けて考えたのに対応して，分ける．

例2．複素射影平面の曲線 $C : x^2 + y^2 - z^2 = 0$ の場合：C_1 はアフィン平面 $x \neq 0$ にある部分，C_2 はアフィン平面 $y \neq 0$ のにある部分，C_3 はアフィン平面 $z \neq 0$ にある部分と定めると，それぞれの座標環は，$x, y, v = \sqrt{x^2 + y^2}$ を用いて，$C[y/x, v/x]$, $C[x/y, v/y]$, $C[x/v, y/v]$ であり，それらは，それぞれ，C_1, C_2, C_3 の上で定義された関数の集合である．そこで，多様体としての一つの考え方は，C_1 にはその上で定義された関数の集合である座標環 $C[y/x, v/x]$ を考え，C_2, C_3 には同様に，それぞれの座標環

$C[x/y, v/y]$, $C[x/v, y/v]$ を考えるのである．関数の間の関係式 $(x/v)^2$ $+(y/v)^2=1$，したがって，$1+(y/x)^2=(v/x)^2$, $(x/y)^2+1=(v/y)^2$ に注目しておこう．C_1, C_2 に対し，その共通部分 $C_1 \cap C_2$ で**定義された関数（正則な関数とも言う）**とは，C の関数体の元で，分母が $C_1 \cap C_2$ のどの点でも値 0 を取ることのないものを意味する．それらの全体を調べてみよう．C_1 の点 P が C_2 に属しないのは，C_1 に付随させた関数の集合 $C[y/x,\ v/x]$ の元 y/x が P で値 0 を取ることが特徴付けであるから，$C[y/x, v/x]$ の元 g, h による g/h で，h が $C_1 \cap C_2$ で値 0 を取ることがないものを考えると，h が y/x の何乗かの形のときである．したがって，それらは $y/x, v/x, x/y$ の整式の形で表される関数全体 $C[y/x, v/x, x/y]$ であり，C_2 に付随させた関数の集合 $C[y/x, v/x]$ から出発しても，同じ結果になる．これは，$C_1 \cap C_3$, $C_2 \cap C_3$ についても同様であり，多様体の概念に合致している．

　このようなことは，他の射影平面の曲線についても同様である．

　多様体 U, V があって，それらを部分に分けて関数の集合を付随させたのが $\{(U_j, F_j) \mid j=1, \cdots, m\}$, $\{(V_k, H_k) \mid k=1, \cdots, n\}$（括弧内の左が点集合，右が関数の集合）であるとき，(1) U の点と V の点との間に 1 対 1 対応，すなわち，U から V への写像 T で，$T(U)=V$ かつ $p, q \in U$, $T(p)=T(q)$ ならば $p=q$ をみたすものがあり，(2) 必要ならば U_j, V_k を細分して（関数の集合はそれに応じて大きくなる），$m=n$ かつ，$T(U_j)=V_j$ $(j=1, \cdots, m)$ であるようにできて，さらに，関数の集合も T で U, V の点を同一視したら同じになる（ていねいに言えば，各 j について，F_j から H_j 全体への 1 対 1 写像 T' があり，$f \in F_j$, $h=T'(f)$ ならば $h(T(p))=f(p)$ となる）ときに，この二つの多様体は（多様体として）同じと考えるのである．

　U, V が多様体として同じという状況は，U, V の対応する各点ごとに考えれば，その近くにそれぞれ新しい座標系をうまく導入すれば，同じ状態になることを示しているのである．

　ところで，「円と直線は同じ？」と書いたのは，円と直線とは，多様体としては同じであることで，「同じ」という面を持ち，合同ではないだけでなく，曲がり方も異なるから「同じではない」面を持つからである．以下で，

その「同じ」である面の説明をしよう．

（Ⅰ）　実射影直線と円．上の例1で用いた記号 (x, y, t, u) を利用しよう．$t^2+u^2=1$ である．$z=t/(1-u)$ とおく．$z=(1+u)/t$ であることに注意せよ．

$z^2+1=(t^2+(1-u)^2)/(1-u)^2=(2-2u)/(1-u)^2=2(1-u)^{-1}$ から $t=2z/(z^2+1)$ が得られる．

また，$z^2-1=(t^2-(1-u)^2)/(1-u)^2=2u/(1-u)$ であるから，$u=(z^2-1)/(1+z^2)$ である．したがって，実数上での関数体，すなわち，t, u の分数式全体は z についての分数式全体 $R(z)$ と一致する．

z は円 C 上の点 $(0,1)$ 以外の部分 C_0 で正則な関数であるから，z についての実数係数の多項式は C_0 全体で正則である．$z=t/(1-u)$ であるから，$z=0$ となるのは，点 $(0,-1)$ だけである．したがって $(0,-1)$ 以外の部分 C_1 においては z^{-1} が正則である．したがって，C_0 は座標環 $R[z]$ をもち，C_1 は座標環 $R[z^{-1}]$ をもつ．したがって，z の値が有限な点Pには実射影直線 P の点 $(1, z(P))$ を対応させ，C の点 $(0,1)$ には P の点 $(0,1)$ を対応させることによって，C と P が多様体として同じであることがわかる．$z(P) \neq 0$ ならば，対応する点の座標は $(z(P)^{-1}, 1)$ でもあることに注意．したがって，C_0, C_1 には，それぞれ，アフィン直線 $\{(1, z) \mid z \in R\}$, $\{(w, 1) \mid w \in R\}$ が対応する．

（Ⅱ）　円の代わりに複素射影平面の曲線 $C : X^2+Y^2=Z^2$ を考え，これと複素射影直線とが多様体として同じであることの大まかな説明をしよう．（Ⅰ）での計算を利用するために，C の固有平面にある部分 $C_0 : x^2+y^2=1$ を考える．定理6.1.2 の証明において，座標関数 x, y を C_0 に制限したものを t, u とし，$z=t/(1-u)$ とおくと，（Ⅰ）での計算と同様にして，$z=(1+u)/t$, $t=2z/(z^2+1)$, $u=(z^2-1)/(z^2+1)$ であるから，複素数体 C 上の C の関数体は C の上の有理関数体 $C(z)$ である．C_0 から点 $P(0,1)$ を除いた部分を C_1 とすれば，z は C_1 で定義された関数であって，z の値を $\pm i$（ただし，i は虚数単位）以外に定めれば，上で示した関係式により，t, u の値が定まるので，C_1 の点は，その点における z の（$\pm i$ 以外の）値

と1対1対応をする．$z=i, -i$ のときは，t, u は無限大で $t/u=2z/(z^2-1)$ であるから，C 上の無限遠点 $(1, -i, 0), (1, i, 0)$ にそれぞれ対応する．C から点Pを除いた部分 $C_1{}^*$ で正則な関数全体，すなわち，$C_1{}^*$ に付随させる関数の集合は z の整式全体 $C[z]$ である．次に $z^{-1}=(1-u)/t=t/(1+u)$ を考えよう．z^{-1} は C_0 上，点 $Q(0, -1)$ 以外で正則であるから，C_0 から点 $Q(0, -1)$ を除いた部分を C_2 とすれば，z^{-1} は C_2 で定義された関数であって，$t=2z^{-1}/(1+z^{-2})$, $u=(1-z^{-2})/(1+z^{-2})$ であるから，z^{-1} の $\pm i$ 以外の値と C_2 の点とは1対1対応をする．z^{-1} が $\pm i$ のときは，C_1 の場合と同様に，C 上の無限遠点に対応する．したがって，$C(z)$ の元で，その定義域が C から Q を除いた部分 $C_2{}^*$ を含むもの全体は z^{-1} の整式全体 $C[z^{-1}]$ である．このようにして，実射影直線と円の場合と同様に，複素射影直線と曲線 C が多様体として同じであることがわかるのである．すなわち，点R で z が有限の値 $p \neq 0$ をとれば，R は $C_1{}^* \cap C_2{}^*$ に属し，アフィンの直線 $L_1=\{(t, 1) \mid t \in C\}$ の点 $(1, p)$ すなわち，点 $(0, 1)$ を除いたアフィンの直線 $L_2=\{(1, u) \mid u \in C\}$ の点 $(1, p)$ に対応し，z の値が 0 の点 $Q(0, -1)$ は L_1 の点 $(0, 1)$ に対応し，z の値が無限大の点 $P(0, 1)$ は L_2 の点 $(1, 0)$ に対応していて，その点の近くでの関数については，z^{-1} を用いて表せばよいのである．

　したがって，$C_1{}^*$ の点Rには，L_1 の点 $(z(R), 1)$ を対応させ，$C_2{}^*$ の点R には L_2 の点 $(1, z^{-1}(R))$ を対応させれば，点Rが $(0, 1)$ 以外の点であれば，R に対応する点 $(z(R), 1)$ は点 $(1, z^{-1}(R))$ と一致するので，点の対応は矛盾なく定まる．この対応と関数の対応とを考え合わせて，円と射影直線とが多様体として同じであることがわかる．

　このような考えは，射影平面上の曲線に限らず，もっと次元の高い射影空間内の図形についても適用され，図形上の関数としては，座標の比をその図形に制限したものの分数式で表されるものを考えて，上のように，図形をアフィン空間に入っているような部分に分けて，各部分に，考えている関数のうち，その部分を定義域に含むもの全体の集合を付随させて，多様体として考える．そして，その意味で，多様体として同じである二つの

図形は互いに**双正則**であるといい，双正則を与える1対1写像を**双正則写像**という．

この概念は「見たところ似た形をしている」こととは，ずいぶん違う概念であることは，円と直線の例でわかったであろうが，ついでに，次の事実を付け加えておこう．

二つの3次曲線 $C_1: y^2z=x(x-z)(x-cz)$, $C_2: y^2z=x(x-z)(x-c'z)$ (c, c' は 0, 1 以外の定数； $c \neq c'$) とは，c, c' の値が近ければ似た曲線になるが，C_1, C_2 は双正則ではない．

図形を目で見た形も大切な性質であろうが，代数幾何では関数体の性質が図形に反映する性質に重要なものがあると考えているので，関数体の性質を重要視しているのである．

関数体の大切さを，この章で詳しく述べることはできないが，関数体を利用する例を示しておこう．曲線Cの関数体 $C(C)$ の 0 でない元 g_1, g_2, g_3 を定めれば，C の各点Pに対し，射影平面の点 $G(\mathrm{P})=(g_1(\mathrm{P}), g_2(\mathrm{P}), g_3(\mathrm{P}))$ を対応させることが考えられる．$g_1(\mathrm{P})=g_2(\mathrm{P})=g_3(\mathrm{P})=0$ となる点以外では対応する点は明確に定まる．$g_1(\mathrm{P})=g_2(\mathrm{P})=g_3(\mathrm{P})=0$ となる点については，他の点Qを点Pに近づけたときの点 $G(\mathrm{Q})=(g_1(\mathrm{Q}), g_2(\mathrm{Q}), g_3(\mathrm{Q}))$ の極限 ($g_1(\mathrm{Q}), g_2(\mathrm{Q}), g_3(\mathrm{Q})$ の全部が 0 に近づいて困ると考えてはいけない；0 への近づき方の遅いもので割り算をして，一つの座標が1であることを保つようにして極限を考えるのである) を $G(\mathrm{P})$ と定めるのである．PがCの単純点であれば，$G(\mathrm{P})$ は確定するが，Pの近くでのCがいくつかの曲線部分 (「**分枝**」という) に分かれているときは，どの分枝に沿ってPに近づくかによって，極限が異なることが多い．この対応によって，C から $C[tg_1, tg_2, tg_3]$ (ただし，t は新しい変数) を斉次座標環とする曲線 C' への対応 (C に特異点がなければ写像) が得られる．このような C' も，C の性質を調べる手段になるのである．

第7章

関数を利用して作る曲線

　多様体を考えるときには，その上の関数の集合が大切な役目を負う．第6章の最後で述べたように，考察すべき曲線を調べるのに，その曲線の上の関数を利用して作る曲線を調べることも重要な手段になり得るので，そのような曲線の作り方などを学ぼう．この章の主要目標は，与えられた曲線と同じ関数体をもっているような射影空間内の曲線で特異点のないもの

（非特異モデルと呼ぶ）であるが，それは射影平面の曲線としては得られない場合があるので，高次元の射影空間を考える必要がある．

7.1. 関数を利用して作る曲線

§6.3の最後で，関数体から出発して射影平面内の曲線を作ることを述べたが，それは次のようにした．射影平面の曲線 $C : f(x, y, z) = 0$（$f(x, y, z)$ は斉次式で，複素数係数の範囲で因数分解しない）から出発した．今後もこの条件をみたす曲線を主に扱うので，**既約な平面曲線**と呼ぶことにする．C の関数体 $C(C)$ の元 g_1, g_2, g_3 を定める．C の点Pに対し，(1) $g_1(P)$, $g_2(P)$, $g_3(P)$ が有限の値を取り，0 ばかりでもないときには，射影平面の点 $G(P) = (g_1(P), g_2(P), g_3(P))$ を P に対応させ，(2) そうでないときは，(1) の場合の点 Q でPに近づくものを考え $G(Q)$ の極限として得られる点を P に対応させるのであった．この(2)の場合は，近づき方によって極限が異なる可能性があるので，P に対応する点は複数個ありうる．

g_1, g_2, g_3 の比がすべて定数であれば $G(P)$ は P の位置に関わらず一定点になるので，その場合を除くため，g_1/g_2 は定数でない関数であると仮定して話を進めよう．

上のように定めた $G(P)$ の集合および極限として得られる点を合わせた曲線 C^* の斉次座標環は，独立変数 t を用いて $C[tg_1, tg_2, tg_3]$ であると考えられる．厳密な証明は手間がかかり過ぎるので，理由の主要点だけを説明しよう．一つの基礎は**超越次数**という概念である．複素数体 C 上に超越次数が r であるというのは，(1) 適当な r 個の関数（または，一般に C を含むある体の元）$h_1, h_2, \cdots, h_r$ について，C 係数の 0 でない多項式 $F(x_1, x_2, \cdots, x_r)$ すべてについて $F(h_1, h_2, \cdots, h_r) \neq 0$ であり，(2) $r+1$ 個の関数（または，考慮の対象の体の元）$k_1, \cdots, k_{r+1}$ については，必ず，適当な C 係数の 0 でない多項式 $G(x_1, \cdots, x_{r+1})$ があって，$G(k_1, \cdots, k_{r+1}) = 0$ となるときにいう．曲線の関数体 $C(C)$ の超越次数は 1 である．C の斉次座標環を含む最小の体は $C(C)$ の上の 1 変数の有理関数体とみなせるので，その超越次数は 2 である．

　　tg_1, tg_2, tg_3 の C に係数をもつ整式の形のもの全体 $C[tg_1, tg_2, tg_3]$ は g_1/g_2 が定数でない関数で t が独立変数だから，これを含む最小の体 $C(tg_1, tg_2,$ $tg_3)$（すなわち，tg_1, tg_2, tg_3 の C に係数をもつ分数式の形のもの全体）の超越次数は 2 である．3 個の元 tg_1, tg_2, tg_3 を取ったのであるから，複素数係数のある多項式 $F(x, y, z)$（多項式としては $\neq 0$）があって，$F(tg_1, tg_2, tg_3) =$ 0 となる．$F(x, y, z)$ が複素数係数の範囲で因数分解すれば，そのどれかの因子に tg_1, tg_2, tg_3 を代入したものが 0 になるから，$F(x, y, z)$ は因数分解はしないと仮定してよい．$F(x, y, z)$ に 0 でない j 次の部分 $F_j(x, y, z)$ があれば，それに tg_1, tg_2, tg_3 を代入した分は $t^j F_j(g_1, g_2, g_3)$ になり，t が独立変数であったから $F_j(g_1, g_2, g_3) = 0$ でなくてはならないので，曲線 $F_j(g_1,$ $g_2, g_3) = 0$ は C^* を含むことになり，$F(x, y, z)$ が $F_j(x, y, z)$ を割り切る．したがって，$F(x, y, z)$ は斉次式である．さて，上で考えた C の像 C^* の主な部分は(1)の場合の点 $G(\mathrm{P})$ の集合であり，$(tg_1(\mathrm{P}), tg_2(\mathrm{P}), tg_3(\mathrm{P}))$ は $G(\mathrm{P})$ の座標と考えられ，それを $F(x, y, z)$ に代入すれば 0 になる．したがって，そのような点の極限として得られる点の座標を $F(x, y, z)$ に代入しても 0 になる．というわけで，C の像として得られる曲線は，この多項式 $F(x, y,$ $z)$ を用いて $F(x, y, z) = 0$ で定義される曲線である．したがって，この新しい曲線 C^* の関数体は $C(g_1/g_2, g_3/g_2)$ である．

　　最初の曲線 C を，関数体の性質を通じて調べようとするとき，利用するのに都合の良い曲線 C^* は (1) 関数体が共通，すなわち，$C(C)$ の元がすべて g_1/g_2, g_3/g_2 の C 係数の分数式で表されて，(2) C^* には特異点がないものである．しかし，残念なことに，射影平面内の曲線では，そういう曲線が得られない場合がある．そのような実例は §7.3（例 3）で示すが，そのような場合でも，もっと多くの関数を用い，次元の高い射影空間の中の曲線の中から探せば，この 2 条件をみたす曲線が得られることが知られているので，一般次元のアフィン空間・射影空間の定義を述べよう．

7.2. アフィン空間・射影空間

　　n 次元アフィン空間は n 個の座標を用いる．座標として実数の範囲を考

えるのが実アフィン空間であり，複素数の範囲を考えるのが複素アフィン
空間である．したがって，点集合としては: n 次元の**実アフィン空間**は
$\{(a_1, a_2, \cdots, a_n) \mid a_j \in \boldsymbol{R}\}$ であり，n 次元の**複素アフィン空間**は $\{(a_1, a_2, \cdots,$
$a_n) \mid a_j \in \boldsymbol{C}\}$ である．

　n 次元の実アフィン空間 $\{(a_1, a_2, \cdots, a_n) \mid a_j \in \boldsymbol{R}\}$ に「2 点 $(a_1, a_2, \cdots,$
$a_n), (b_1, b_2, \cdots, b_n)$ の距離は $\sqrt{\sum_{j=1}^{n}(a_j - b_j)^2}$」として距離を導入したものが
n 次元のユークリッド空間であるのは，平面の場合と同様である．

　この節では，定数（式の係数を含む）は，実アフィン空間を考える場合
は実数で，複素アフィン空間を考える場合は複素数とすることにして，同
じ言葉で話を進める．

　$c_1, c_2, \cdots, c_n, c$ が定数で，$(c_1, c_2, \cdots, c_n) \neq (0, 0, \cdots, 0)$ のとき，方程式 $c_1 x_1$
$+ c_2 x_2 + \cdots + c_n x_n = c$ の解の作る点集合を**超平面**という．$c_1, c_2, \cdots, c_n, c$
が変われば別の超平面ができる．$c_1, c_2, \cdots, c_n, c$ が定める超平面と $c_1{}', c_2{}',$
$\cdots, c_n{}', c'$ が定める超平面とが一致するための必要十分条件は $c_1 : c_2 :$
$\cdots : c_n : c = c_1{}' : c_2{}' : \cdots : c_n{}' : c'$ である．いくつかの超平面の共通部分と
して得られる点集合を**線型部分空間**と呼ぶ．線型部分空間には，座標とし
て取る値の自由度で次元を定義するが，今のところ必要がないので，省く
ことにする．

　n 次元アフィン空間の座標変換は (1) 平行移動と (2) 原点を通る n 本
の座標軸の変更(条件は，その n 本を含む $n-1$ 次元の線型部分空間が存在
しないこと)（各座標軸における単位長の変更を含む)を合成してなされる
が，詳細は割愛する．

　n 次元射影空間 $\boldsymbol{P}^n$ では $n+1$ 個の座標を用いる．すなわち，$n+1$ 次元の
数ベクトルで零ベクトル以外が点を表すことと，二つの数ベクトル $(a_0,$
$\cdots, a_n)$ と $(b_0, \cdots, b_n)$ とが同じ点を表すのは $a_0 : \cdots : a_n = b_0 : \cdots : b_n$ のと
きと定めるのである．言い換えれば，$n+1$ 次元のアフィン空間 $\boldsymbol{A}^{n+1}$ にお
いて，原点を通る同一直線上の（原点以外の）点を同一視するのである．
（§2.1 で射影平面について「射影」という言葉の理由を述べたが，高次元

の場合も同様である.）アフィン空間の場合と同様に，座標の範囲を複素数全体とするのが，**複素射影空間**であり，実数全体とするのが**実射影空間**である.

アフィン空間のときと同様に，定数（式の係数を含む）は，実射影空間の場合は実数で，複素射影空間の場合は複素数であることにして，同じ言葉で話を進める.

上のように定めた点集合 P^n において， 1 次斉次方程式 $c_0x_0 + c_1x_1 + \cdots + c_nx_n = 0$（$((c_0, \cdots, c_n) \neq (0, \cdots, 0))$）の解の集合を**超平面**という．$n+1$ 次元のアフィン空間 A^{n+1} で考えるならば，A^{n+1} の原点を通る超平面が定める P^n の点集合が超平面である．いくつかの超平面の共通部分としてえられる部分集合を**線型部分空間**という．その次元も定義されるが，説明は省く.

射影空間 P^n の座標変換は，A^{n+1} の原点を変えない座標変換に対応する（すなわち，A^{n+1} の原点を通る $n+1$ 本の座標軸の変更による）ものとするが，詳細は割愛する.

座標を表す変数が $x_0, x_1, \cdots, x_n$ であるとする．$x_n \neq 0$ であるような点全体 A の各点の座標は $(a_0, a_1, \cdots, a_{n-1}, 1)$ の形にでき，その点と n 次元アフィン空間 A^n の点 $(a_0, a_1, \cdots, a_{n-1})$ と対応させれば，A と A^n との 1 対 1 対応になるので，この A を A^n と同一視して，A を**固有空間**と呼ぶのは射影平面のときと同様である.

定理7.2.2.　P^n の超平面 H が超平面 $H_n : x_n = 0$ に含まれていなければ（すなわち，$H \neq H_n$ ならば）$H \cap A$ は A の超平面である.

注意　線型部分空間の次元を知っていれば「P^n の r 次元線型部分空間 L が H_n に含まれていなければ，$L \cap A$ は A の r 次元線型部分空間であり，逆に，A の r 次元線型部分空間 M は，それを含む P^n の r 次元線型部分空間 L により，$L \cap A = M$ になる」ことが証明できる.

証明　H の定義式が $c_0x_0 + c_1x_1 + \cdots + c_nx_n = 0$ であるとすると，$H \neq H_n$ は $(c_0, c_1, \cdots, c_{n-1}) \neq (0, 0, \cdots, 0)$ を意味する．したがって $H \cap A$ は $c_0x_0 + c_1x_1 + \cdots + c_{n-1}x_{n-1} + c_n = 0$ で定義される A の超平面である．（証明終わ

り）

上の定理は $x_n \neq 0$ の代わりに，$x_j \neq 0$ を考えても同様である．そこで，P^n の中のアフィン空間 $x_j \neq 0$ を A_j で表せば $P^n = \bigcup_{j=0}^{n} A_j$ であり，$x_0/x_j, x_1/x_j, \cdots, x_n/x_j$ は A_j を定義域に含む関数である．そこで，これらの関数の整式で表される関数全体が作る環（かん）を A_j の**座標環**と定める．複素数体の上の座標環は $C[x_0/x_j, x_1/x_j, \cdots, x_n/x_j]$ であり，実数体の上の座標環は $R[x_0/x_j, x_1/x_j, \cdots, x_n/x_j]$ である．

7.3. 非特異モデル

高次元射影空間内の曲線を定義する一つの基本的方法は，いくつかの斉次式＝0 の形の方程式を連立させるのであるが，ここでは，関数体を利用した方法で，与えられた既約な平面曲線 C と (1) 同じ関数体を持ち，(2) 特異点のない曲線，それを関数体 $C(C)$ または，曲線 C の**非特異モデル**という，を作る例を述べよう．

この方向での考察の基本になるのは，次の定理である．

定理7.3.1. 既約な平面曲線 C の関数体 $C(C)$ の元 $g_1, g_2, \cdots, g_n$ の複素数係数の整式の形に表される関数全体のなす環 $C[g_1, g_2, \cdots, g_n]$ は n 次元アフィン空間内の曲線 C' を定める．その関数体 $C(C')$ は，$g_1, g_2, \cdots, g_n$ の複素数係数の分数式全体である．また，C の上の関数 $h_1, \cdots, h_m$ によって同様にして定められる m 次元アフィン空間内の曲線 C'' について，$C[g_1, g_2, \cdots, g_n]$ と $C[h_1, \cdots, h_m]$ とが関数の集合として一致するならば，C' と C'' とは多様体として同じである．

$C[g_1, g_2, \cdots, g_n]$ は C' の**座標環**と呼ばれる．

証明 C', C'' が定まることは，射影空間で考えた場合の曲線の一部分であるから明らかである．C', C'' の座標環が一致したとする．P が C' の点であれば，$I(\mathrm{P}) = \{f \in C[g_1, g_2, \cdots, g_n] \mid f(\mathrm{P}) = 0\}$ および，$h_j(\mathrm{P})$ $(j = 1, \cdots, m)$ が定まるので，P に対し C'' の点 $\mathrm{Q}(h_1(\mathrm{P}), \cdots, h_m(\mathrm{P}))$ を対応させることができる．座標環の一致から，$I(\mathrm{Q}) = \{f \in C[h_1, \cdots, h_m] \mid f(\mathrm{Q}) = 0\}$ は $I(\mathrm{P})$ と一致することがわかる．P で定義される $f \in C(C')$ は f_1/f_2 $(f_1, f_2 \in C[g_1,$

$g_2, \cdots, g_n]$, $f_2 \not\in I(\mathrm{P}))$ の形に表されるものであり，それらは Q でも定義される．C'' の点から出発しても同様であり，C', C'' の点の1対1対応と，対応する点において定義される関数の集合の一致がわかる．（証明終わり）

例1　$C : x^4 + y^4 + z^4 = 0$ は特異点のない曲線である．（証明は易しいので各自試みよ.）

問1　射影平面における4次曲線の中には特異点のないものは多く存在する．各自，そのような例を見つけてみよ．

例2　$C : xy^3 = z^4$ の点 $(1, 0, 0)$ は3重点であり，C にはその他の特異点はない．この3重点を通る直線 $y = tz$（t は媒介変数）と，この曲線との第4の交点の座標 $(1, t^4, t^3)$ は，この曲線の媒介変数表示と考えられる．

証明は易しいので，各自試みよ．

例2の曲線 C の関数体 $\boldsymbol{C}(C)$ を調べてみよう．アフィン平面 $x \ne 0$ での座標関数は $y/x, z/x$ であり，これらの関数を C に制限して得られる関数 $Y/X, Z/X$ は $(Y/X)^3 = (Z/X)^4$ をみたす．ゆえに $Z/X = (Y/Z)^3$ である．そこで，C 上の関数の組 $(1, Y/Z)$ を用いて，新しい曲線への対応を調べよう．（前には3個の関数 g_1, g_2, g_3 を使う形で述べたので射影平面の曲線に対応させたが，今は関数の数が2であるので，射影直線への対応である.）

P の座標が $(1, a, b)$ のとき：(i) $b \ne 0$ ならば対応する点は $(1, a/b)$ で確定する．(ii) $b = 0$ のときは $b = 0$ から $a = 0$ がでるので，P は $(1, 0, 0)$．C の一般の点 $(1, Y/X, Z/X)$ に対して $Z/X = (Y/Z)^3$ であるので，$Z/X \to 0$ のとき $Y/Z \to 0$ であり，対応する点は $(1, 0)$ である．

P が $x = 0$ 上にあるとき：$z = 0$ になるので，P は $(0, 1, 0)$．このとき $Y(\mathrm{P})/Z(\mathrm{P}) = \infty$ であるので対応する点は $(0, 1)$ である．

この対応で，C の点と射影直線の点とが1対1対応している．そして，C と射影直線 $\boldsymbol{P}^1$ とは多様体としては異なるが，C から特異点 $(1, 0, 0)$ を除いたアフィン曲線 C' と $\boldsymbol{P}^1$ から $(1, 0, 0)$ に対応する点 $(1, 0)$ を除いたアフィン直線とが多様体として同じである．

証明　C と直線 $y = 0$ との交点は $(1, 0, 0)$ だけであるので，C' は C の

アフィン平面 $y \neq 0$ に入っている部分である．したがって，C' の座標環は $C[X/Y, Z/Y]$ である．$XY^3 = Z^4$ であるから，$X/Y = (Z/Y)^4$．ゆえに $X/Y, Z/Y$ の整式で表される関数は Z/Y の整式で表される．すなわち，C' の座標環は $C[Z/Y]$ である．C' の像の座標環も $C[Z/Y]$ であるから，C' とその像は多様体として同じである．次に，C の点 $(1,0,0)$ の近くと，P^1 の点 $(1,0)$ の近くを比べてみよう．C と直線 $x=0$ との交点は $(0,1,0)$ だけであるから，C から点 $(0,1,0)$ を除いた部分 C'' は，C のアフィン平面 $x \neq 0$ にある部分であり，その座標環は $C[Y/X, Z/X]((Y/X)^3 = (Z/X)^4)$ である．P^1 から $(1,0)$ を除いたアフィン直線は，座標が $(1, Y/Z)$ の点を集めたことになるから，その座標環は $C[Y/Z]$ である．ところで，$(Y/Z)^3 = Z/X$ また $Y/X = (Z/X)^2(Z/Y)^2$ であるから $Z/X, Y/X$ は $C[Y/Z]$ に属する．しかし Y/Z は C'' の座標環には属していない．したがって，P^1 の点 $(1,0)$ の近くの方が C'' の点 $(1,0,0)$ の近くより，定義された関数が多くあるので，多様体として異なる．（証明終わり）

問2 §4.1，例2で示した，媒介変数表示を持つ3次曲線について，上と同様な直線への対応を作ってみよ．

§7.1で，既約な平面曲線 C であって，(1) 関数体が C の関数体と同じで，(2) 特異点がないという2条件をみたす平面曲線がない例の一つをこの節で示すことを予告したが，次の例3はそれである．ただし，ここでは高次元の射影空間で特異点のない曲線が得られる証明をして，残りの証明は §8.2 で述べることにする．

例3 射影平面の曲線 $C : xyz^2 + x^3z = y^4$ では $(0,0,1)$ が2重点で，他には特異点はない．

証明 特異点の条件は $yz^2 + 3x^2z = 0, xz^2 - 4y^3 = 0, 2xyz + x^3 = 0$．$z=0$ ならば $x=y=0$ で，そのような点はない．ゆえに $z \neq 0$．したがって，$z=1$ としてよい．すると，$y = -3x^3, x = 4y^3, x(2y + x^2) = 0$．$x=0$ ならば $y=0$ で，点 $(0,0,1)$ の場合である．$x \neq 0$ とすると，$y = -3x^2, 2y + x^2 = 0$ から $x=y=0$ となって矛盾．ゆえに，$(0,0,1)$ 以外には特異点はない．点 $(0,$

$0,1)$ を原点とする固有平面 $z\neq0$ の座標での曲線の方程式 $xy+x^3=y^4$ は 2 次の項から始まるので，点 $(0,0,1)$ は 2 重点である．（証明終わり）

関数 $y/x, x/y, x/z, y/z$ をこの曲線 C に制限したものを $Y/X, X/Y, X/Z, Y/Z$ で表し，関数の組 $(Y/X, X/Y, X/Z, Z/X, Y/Z, Z/Y, 1)$ で定まる 6 次元射影空間 $\boldsymbol{P}^6$ の中の曲線 C^*，すなわち，独立変数 t を用いた $C[tY/X, tX/Y, tX/Z, tZ/X, tY/Z, tZ/Y, t]$ を斉次座標標とする曲線 C^* を考えよう．C の関数体 $\boldsymbol{C}(C)$ は $Y/X, Z/X$ で生成されるので，C^* の関数体 $\boldsymbol{C}(C^*)$ は $\boldsymbol{C}(C)$ と一致する．

また，C の点 $\mathrm{P}(a, b, c)$ について，$abc\neq0$ ならば，対応する点 $G(\mathrm{P})=(b/a, a/b, a/c, c/a, b/c, c/b, 1)$ が決まる．このような点 P は C から 2 点 $(1,0,0),(0,0,1)$ を除いた範囲を動くことができ，その範囲で P と $G(\mathrm{P})$ とは 1 対 1 対応することは容易にわかる．

定理7.3.2. この曲線 C^* には特異点はない．

証明　$\boldsymbol{P}^6$ の第 j 座標 $\neq0$ にある C^* の部分 C_j の（アフィンの）座標環 $A_j (j=1, 2, \cdots, 7)$ は

$$A_1 = \boldsymbol{C}[X^2/Y^2, X^2/YZ, Z/Y, X/Z, ZX/Y^2, X/Y],$$
$$A_2 = \boldsymbol{C}[Y^2/X^2, Y/Z, ZY/X^2, Y^2/XZ, Z/X, Y/X],$$
$$A_3 = \boldsymbol{C}[YZ/X^2, Z/Y, Z^2/X^2, Y/X, Z^2/XY, Z/X],$$
$$A_4 = \boldsymbol{C}[Y/Z, X^2/YZ, X^2/Z^2, XY/Z^2, X/Y, Z/X],$$
$$A_5 = \boldsymbol{C}[Z/X, XZ/Y^2, X/Y, Z^2/XY, Z/Y],$$
$$A_6 = \boldsymbol{C}[Y^2/XZ, X/Z, XY/Z^2, Y/X, Y^2/Z^2, Y/Z],$$
$$A_7 = \boldsymbol{C}[Y/X, X/Y, X/Z, Z/X, Y/Z, Z/Y]$$

である．A_1 において $X^2/Y^2=(X/Y)^2, (X/Z)(X/Y)=X^2/YZ$ などから環として $A_1=\boldsymbol{C}[X/Z, Y/Z, X/Y]$ になり，$X/Z=(Y/Z)(X/Y)$ だから，C_1 は $\boldsymbol{C}[Y/Z, X/Y]$ を座標環に持つ 2 次元アフィン空間の曲線 B_1 と，多様体として同じである．同様にして，C_2 は $\boldsymbol{C}[Y/Z, Z/X]$ を座標環に持つアフィン曲線 B_2 と，C_3 は $\boldsymbol{C}[Z/Y, Y/X]$ を座標環に持つアフィン曲線 B_3 と，C_4 は $\boldsymbol{C}[Y/Z, Z/X]$ を座標環に持つアフィン曲線 B_4 と，C_5 は $\boldsymbol{C}[Z/X, X/Y]$ を座標環に持つアフィン曲線 B_5 と，C_6 は $\boldsymbol{C}[X/Z, Y/X]$ を

座標環に持つアフィン曲線 B_6 と，それぞれ多様体として同じである．したがって，$B_1 \sim B_6$ および C_7 に特異点がないことを示せばよい．

B_1：$t=X/Y$, $u=Y/Z$ とおくと，座標環は $C[t,u]$．$(X/Y)(Z/Y)^2+(X/Y)^3(Z/Y)=1$ から $tu^{-2}+t^3u^{-1}=1$, $t+t^3u=u^2$ が得られるので，B_1 は $x+x^3y-y^2=0$ で定義された曲線で，その特異点の条件 $1+3x^2y=0$, $x^3-2y=0$ から $y=x^3/2$, $3x^5=-2$ が出るが，$x+x^3y-y^2=0$ に代入すると，$x+\frac{1}{2}x^6-\frac{1}{4}x^6=x+\frac{1}{4}x^6=0$ となり，$x=0$ または $x^5=-4$ が得られ，$3x^5=-2$ と矛盾する．ゆえに B_1 には特異点はない．

B_2：$Z/X=v$ とおくと，$C[Y/Z,Z/X]=C[u,v]$ であり，B_1 での t は uv であるので，$v+u^3v^3=u$ が u,v の関係式になる．特異点の条件 $3u^2v^3=1,1+3u^3v^2=0$ から，$3u^3v^3=u=-v$ が得られる．ゆえに，$u\neq0$. u,v の関係式から，$2u+u^6=0$, $u^5=-2$. 特異点の条件 $3u^2v^3=1$ から $3u^5=-1$ が出て，特異点はない．

B_3：$Z/Y=u'(=u^{-1})$, $Y/X=t'(=t^{-1})$ とおくと $C[Z/Y,Y/X]=C[t',u']$ であり，t',u' の関係式は $u'^2t'^2+u'=t'^3$ になる．特異点の条件 $2u'^2t'=3t'^2$, $2u't'^2+1=0$ から $t'\neq0$, $2u'^2t'^2=3t'^3=t'$ が得られ，$3t'^2=1$, $u'=-(1/6)$, $3t'=2u'^2=1/18$ で特異点なし．

B_4：B_2 と同じである．

B_5：$C[Z/X,X/Y]=C[v,t]$ で，v,t の関係式は $v^2+t^4v=t$ となる．特異点の条件 $2v+t^4=0,4t^3v=1$ から $t\neq0$, $2v=-t^4$, $4t^3v=-2t^7=1$. 他方，v,t の関係式から，$v^2-2v^2=t$, $t=-v^2$, これを $2v=-t^4$, $-2t^7=1$ にそれぞれ代入して，$2v=-v^8$, $v^7=-2$; $2v^{14}=1$ が得られ，矛盾．ゆえに特異点なし．

B_6：$X/Z=v'(=v^{-1})$ とおくと，$C[X/Z,Y/X]=C[v',t']$ で，関係式は $t'^4+v'=t'^3v'^2$ である．特異点の条件 $1=2t'^3v'$, $4t'^3=3t'^2v'^2$ から，$t'\neq0$, $4t'=3v'^2$, $1=2(3/4)^3v'^7$ が得られ，v',t' の関係式に代入して，$(3/4)^4v'^8+v'=(3/4)^3v'^8$, $(3/4)^4v'^7+1=(3/4)^3v'^7$, したがって，$2(3/4)+1=1/2$ で矛盾．ゆえに特異点なし．

C_7: 座標環は $\boldsymbol{C}[Y/X, X/Y, X/Z, Z/X, Y/Z, Z/Y]=\boldsymbol{C}[t^{-1}, t, v^{-1}, v,$ $u, u^{-1}]$ であり，$uv=t$ である．したがって，座標環は $\boldsymbol{C}[u, v, u^{-1}, v^{-1}]$ と一致する．B_2 の座標環が $\boldsymbol{C}[u, v]$ であったので，C_7 は B_2 から，$u=0$ になる点，および，$v=0$ になる点を除いたものと，多様体して同じである．B_2 が特異点なしであるから，C_7 にも特異点はない．（証明終わり）

第8章

射影平面の2次変換

　2次変換と呼ばれる，射影平面から射影平面への対応がある．それは，平面上の，同一直線上にない3点 P_1, P_2, P_3 を選び，それらの座標が $(1, 0, 0), (0, 1, 0), (0, 0, 1)$ であるように座標変換をしてから適用するものであるが，その変換によって，普通の曲線 C は，P_1, P_2, P_3，あるいは，うつされた射影平面の3点 $(1, 0, 0), (0, 1, 0), (0, 0, 1)$ に関わる点を除外すれば，多

様体として同じになる曲線に写される．典型的例外は，3 点 P_1, P_2, P_3 のうち 2 点を通る直線である．そのような変換は平面曲線を調べるのに有効な面があるので，それについて学ぼう．

8.1. 2 次変換の定義

射影平面から射影平面への，次のような変換を考える．

$$(a, b, c) \to (a^{-1}, b^{-1}, c^{-1})$$

a, b, c がどれも 0 でない場合は，対応する点 (a^{-1}, b^{-1}, c^{-1}) は決まるが，a, b, c の中に 0 があるときは，次のような考慮が必要である．

(1)　a, b, c のうち，一つだけが 0 のとき：$a=0$，$b \neq 0$，$c \neq 0$ の場合を考えよう．点 $P(x, y, z)$ が $xyz \neq 0$ を保ちながら $(0, b, c)$ に近づけば，途中の点 P に対応する点 (x^{-1}, y^{-1}, z^{-1}) は決まるが，この点の座標は (yz, zx, xy) でもある．$x \to 0, y \to b, z \to c$ であるから，P に対応する点が近づく先は，点 $(bc, 0, 0) = (1, 0, 0)$ である．ゆえに，$a=0$，$b \neq 0$，$c \neq 0$ ならば点 (a, b, c) には $(1, 0, 0)$ が対応する．同様の理由で，$b=0$，$a \neq 0$，$c \neq 0$ の場合，点 (a, b, c) には $(0, 1, 0)$ が対応し，$c=0$，$a \neq 0$，$b \neq 0$ の場合，点 (a, b, c) には $(0, 0, 1)$ が対応する．

(2)　a, b, c のうち，二つが 0 のとき：$a=0$，$b=0$，$c \neq 0$ の場合を考えよう．点 $P(x, y, z)$ が $xyz \neq 0$ を保ちながら $(0, 0, c)$ に近づけば，途中の点 P に対応する点 (x^{-1}, y^{-1}, z^{-1}) は決まり，この点の座標は (yz, zx, xy) でもある．$x \to 0$，$y \to 0$，$z \to c$ であるが，x/y が何に近づくかに注目しよう．

(i)　$x/y \to A$ のとき：P に対応する点の座標は $(z, zx/y, x)$ でもあるから，P に対応する点が近づく先は，点 $(c, cA, 0)$，すなわち，$(1, A, 0)$ である．

(ii)　$x/y \to \infty$，すなわち，$y/x \to 0$ の場合は，(i)と同様にして，P に対応する点は $(0, 1, 0)$ に近づく．

これらの理由から，点 $(0, 0, 1)$ には $z=0$ の上の点のすべてが対応する．

以上のように，$x=0, y=0, z=0$ のどれにも属していない点 (a, b, c) には一意的に，(a^{-1}, b^{-1}, c^{-1}) を対応させ，直線 $x=0$，$y=0$，$z=0$ の上の点

には，それぞれ点 $(1, 0, 0)$, $(0, 1, 0)$, $(0, 0, 1)$ を対応させ，3 点 $(0, 0, 1)$, $(0, 1, 0)$, $(1, 0, 0)$ のそれぞれには，直線 $z=0$, $y=0$, $x=0$ の上のすべての点を対応させる対応を **2 次変換**という．

この名称は，一般の位置にある点 (x, y, z) に対応する点 (x^{-1}, y^{-1}, z^{-1}) の座標は (yz, zx, xy) でもあることから，3 点 $(0, 0, 1)$, $(0, 1, 0)$, $(1, 0, 0)$ の，いずれをも通らない直線は 2 次曲線に対応すること（下の例 2 参照）などに由来している．

このように，対応を極限をも考慮して決める理由は，曲線 C があったとき，C が 2 次変換で対応する曲線を考えるためである．すなわち，C が 3 直線 $x=0$, $y=0$, $z=0$ のいずれかを成分に持つ場合を除いて，曲線 C に対応する曲線 C' は，C 上の点 P を動かして，P に対応する点全体に，P が C 上を動いたときの P に対応する点の極限点を合わせた曲線と定めるのである．

この極限をもう少していねいに説明するために，§6.3 の最後で述べた分枝（ぶんし）の説明から始めよう．平面曲線 C の点 Q を定めたとき，(1) Q が C の単純点であれば，Q の近くでは C は滑らかな曲線になっているので，C のうち Q に近い部分が Q でのただ一つの分枝である．(2) Q が C の特異点であるときは，Q の近くだけの C の部分は，いくつかの部分に分かれる可能性がある．すなわち，Q の座標が $(0, 0, 1)$ である場合には，$z \neq 0$ で定まる固有平面で考えたときの C の方程式は $f_m(x, y) + f_{m+1}(x, y) + \cdots + f_d(x, y) = 0$（ただし，$f_j(x, y)$ は x, y についての j 次斉次式，m は Q の重複度，d は C の次数）の形になる．Q の近くでは，C と曲線 $f_m(x, y) = 0$ とはほぼ同じ位置にあるので，$f_m(x, y) = 0$ が互いに素な因子の積に分解するときは，Q の近くの C の部分は，その分解に応じた部分に分かれる．たとえば，$m=2$, $f_m(x, y) + f_{m+1}(x, y) = x^2 + xy^2$ であれば，Q の近くの部分は $x=0$ で近似される部分と，$x+y^2=0$ で近似される部分とに分かれる可能性があるので，$f_m(x, y)$ の互いに素な因子の積への分解よりも，細かく分かれることもありうる．このように分かれた C の部分の各々が Q における C の**分枝**である．

　上で述べた対応において，C 上の点 P が Q へ近づいたときの極限を考えるときは，P が各分枝，それぞれについて，Q に近づくことを考えるのである．2次変換で極限が簡単でないのは，Q が $(1,0,0),(0,1,0),(0,0,1)$ のいずれかの場合だけであり，分枝の Q における接線方向だけで極限が決まる（上の(2)参照）ので，上の記号での $f_m(x,y)$ に複数個の互いに異なる1次因子があれば，Q に対応する点の数は複数になる．

　この対応の考えは §7.1 で，関数を用いて曲線を定義したことに通ずるものである．すなわち，C が既約な平面曲線である場合，C の点の座標関数が $(X/Y,1,Z/Y)$ であるので，関数の分母・分子を取り替えた $(Y/X,1,Y/Z)$ によって得られる曲線が C' である．

例1　直線 $x+y=0$ に対応する曲線：この直線上の点は $(t,-t,u)$ $((t,u)\neq(0,0))$ と表されるので，$t=0$ または $u=0$ の場合を除いて，この点は，点 $(t^{-1},-t^{-1},u^{-1})$ に対応する．t,u を動かせば，この対応する点全体は直線 $x+y=0$ の点のほぼ全部になる．したがって，直線 $x+y=0$ には，この直線自身が対応する．この場合，点 $(0,0,1)$ には点 $(1,-1,0)$ だけが対応している．その理由は，この直線上で $(0,0,1)$ に近づくと，$t\to 0, u\to 1$ であって，点 $(t^{-1},-t^{-1},u^{-1})$ の座標は $(1,-1,tu^{-1})$ でもあることによる．点 $(1,-1,0)$ には点 $(0,0,1)$ が対応している．

例2　直線 $x+y+z=0$ に対応する曲線：この直線上の点は $(t,u,-t-u)$ $((t,u)\neq(0,0))$ と表されるので，$t=0,\ u=0,\ t+u=0$ のいずれかの場合を除いて，この点は $(t^{-1},u^{-1},-(t+u)^{-1})=(u(t+u),t(t+u),-tu)$ に対応する．この座標に現れた関数 $u(t+u),\ t(t+u),\ -tu$ の間の関係は二つずつかけ合わせて足せば 0 になるので，曲線 $yz+zx+xy=0$ のほとんど全部を埋め尽くすことがわかる（下の定理8.1.1 参照）．したがって，直線 $x+y+z=0$ に対応する曲線は曲線 $yz+zx+xy=0$ である．

注意1　例1の直線は $(0,0,1)$ を通っている．例2の直線は，3点 $(1,0,0),(0,1,0),(0,0,1)$ のどれも通っておらず，対応する曲線 $yz+zx+xy=0$ は，3点 $(1,0,0),\ (0,1,0),\ (0,0,1)$ を全部通っている．後の定理8.1.2 参照．

もっと一般に,

定理8.1.1. 曲線 $C : f(x, y, z) = 0$ ($f(x, y, z)$ は d 次斉次式) について, $f(x, y, z)$ が x, y, z のいずれでも割り切れないとき, 2次変換で C に対応する曲線 C' の定義式 $f'(x, y, z) = 0$ は, $f(x^{-1}, y^{-1}, z^{-1})$ の分母を払った整式を作り, それが x, y, z のいずれかを因子に持てばそれらを省いたもの $f'(x, y, z)$ によって得られる.

証明 C 上の点で座標成分に 0 が現れない点 (a, b, c) に対応する点は (a^{-1}, b^{-1}, c^{-1}) である. すなわち, 点 (t, u, v) が C' の点であって座標成分に 0 が現れないものであるための条件は (t^{-1}, u^{-1}, v^{-1}) が $f(x, y, z)$ を 0 にする, すなわち, $f(t^{-1}, u^{-1}, v^{-1}) = 0$. ゆえに, 上のような $f'(x, y, z)$ を取れば, $f'(t, u, v) = 0$. 逆に, $t \neq 0, u \neq 0, v \neq 0, f'(t, u, v) = 0$ であれば, $f(t^{-1}, u^{-1}, v^{-1}) = 0$ であり, (t^{-1}, u^{-1}, v^{-1}) は C の点である. 座標成分に 0 が現れる C または C' の点は, そうでないような C または C' の点が動いた極限として得られる点だけであるから, 定理は正しい. (証明終わり)

例3 曲線 $C_1 : x^3 + y^3 + z^3 = 0$, および, $C_2 : y^2 z = x(x - z)(x - cz)$ (c は 0, 1 以外の定数) の 2次変換による像:

$f(x, y, z) = x^3 + y^3 + z^3$, $g(x, y, z) = y^2 z - x(x - z)(x - cz)$ とおき,

$f(x^{-1}, y^{-1}, z^{-1}) = x^{-3} + y^{-3} + z^{-3}$, $g(x^{-1}, y^{-1}, z^{-1}) = y^{-2} z^{-1} - x^{-1}(x^{-1} - z^{-1})(x^{-1} - cz^{-1})$ の分母を払えば, それぞれ, $y^3 z^3 + z^3 x^3 + x^3 y^3$, $x^3 z - y^2(z - x)(z - cx)$ が得られるので, それぞれ, 曲線 $C_1' : y^3 z^3 + z^3 x^3 + x^3 y^3 = 0$, $C_2' : x^3 z - y^2(z - x)(z - cx) = 0$ に対応する.

この C_1, C_2 はともに特異点がないのに, 2次変換で写された曲線は特異点を持っている. §8.3 の最後の注意参照.

上の例1, 例2の一般化の証明をしよう.

定理8.1.2. 直線 C が (1) 3点 $(1, 0, 0)$, $(0, 1, 0)$, $(0, 0, 1)$ のうち1点だけを通るとき, (2) 3点 $(1, 0, 0)$, $(0, 1, 0)$, $(0, 0, 1)$ のどれをも通らないとき, C に 2次変換で対応する曲線は, (1)の場合は 3点 $(1, 0, 0)$, $(0, 1, 0)$, $(0, 0, 1)$ のうち (同じ座標の) 1点だけを通る直線で, (2)の場合は 3点 $(1, 0, 0)$,

$(0,1,0)$, $(0,0,1)$ の全部を通り，直線 $x=0$, $y=0$, $z=0$ のいずれも成分にもたない 2 次曲線である．

注意 2　2 次曲線が 3 点 $(1,0,0)$, $(0,1,0)$, $(0,0,1)$ を通り，直線を成分にもてば，成分である 2 直線の少なくとも 1 本はこれら 3 点のうちの 2 点を通るので，直線 $x=0$, $y=0$, $z=0$ のうちに成分となるものがある．したがって，(2)の場合は，これら 3 点を通り，直線を成分にもたない 2 次曲線と言っても同じである．

証明　直線 $ax+by+cz=0$ が $(1,0,0)$ を通るのは $a=0$ の場合である．そのとき，対応する曲線の式は $by^{-1}+cz^{-1}$ の分母を払って，$bz+cy=0$ として得られるので $(1,0,0)$ を通る直線である．$(0,1,0)$ または $(0,0,1)$ を通る場合も同様である．3 点 $(1,0,0)$, $(0,1,0)$, $(0,0,1)$ のどれをも通らない条件は $a\neq0$, $b\neq0$, $c\neq0$ である．したがって，対応する曲線の定義式は，$ax^{-1}+by^{-1}+cz^{-1}$ の分母をはらって，$ayz+bzx+cxy=0$ として得られる．この曲線は，3 点 $(1,0,0)$, $(0,1,0)$, $(0,0,1)$ の全部を通る 2 次曲線である．$a\neq0$, $b\neq0$, $c\neq0$ であるから，直線 $x=0$, $y=0$, $z=0$ のどれも成分ではない．（証明終わり）

系 8.1.3.　C が 3 点 $(1,0,0)$, $(0,1,0)$, $(0,0,1)$ のすべてを通る 2 次曲線であって直線を成分にもたないとき，C に 2 次変換で対応するのは，3 点 $(1,0,0)$, $(0,1,0)$, $(0,0,1)$ のどれをも通らない直線である．

証明　2 次変換を 2 回すればもとに戻るので，2 次変換はそれ自身の逆変換である．（証明終わり）

問　系8.1.3 を，方程式を使って証明せよ．

2 次変換だけに着目すれば，2 次変換を 2 回すればもとに戻るので，多様性は見られないが，座標変換と 2 次変換とを組み合わせると，いろいろな対応が得られる．

同一直線上にない 3 点 P, Q, R を定めると，それらが $(1,0,0)$, $(0,1,0)$, $(0,0,1)$ になるように座標変換をした上で 2 次変換をすることができる．この 2 次変換を，3 点 P, Q, R を**中心とする 2 次変換**という．

8.2. 種数

　射影平面の d 次曲線 $C : f(x, y, z) = 0$ について，$f(x, y, z)$ が複素数係
数の範囲で因数分解しない場合について，その関数体 $C(C)$ に種数が定義
され，C の**種数**とも呼ばれる．その定義にはいろいろな知識が必要である
ので，定義はしないで，次の定理でその一つの説明とする.

　定理8.2.1. 上の C について，(1) C に特異点がなければ，C の種数は
$(d-1)(d-2)/2$ で，(2) C の特異点全体が $P_1, P_2, \cdots, P_r$ であって，どの
P_j も複雑でない特異点であるとき，各 P_j が m_j 重点であれば，C の種数は
$(d-1)(d-2)/2 - \sum_{j=1}^{r} m_j(m_j-1)/2$ である.

　ここで，C の m 重点 P が**複雑でない**とは，適当な座標変換をして(i) P
の座標は $(0, 0, 1)$ であって，(ii)座標変換後の直線 $x=0$, $y=0$ は，いずれ
も，P における C のどの分枝とも接しない（座標変換後の方程式を $f(x,$
$y, z)=0$ としたとき，$f(x, y, 1)$ の m 次の部分が，x, y のいずれでも割り切
れない）ようにして 2 次変換を施したとき，P に対応する点がすべて単純
点であるときにいう.

　複雑な特異点がある場合については，§8.3 の最後で説明する.

　定理8.2.2. 通常 m 重点，特に結節点（§3.2 参照）は複雑でない特異点
である.

　証明 P が，上の C の通常 m 重点であるならば，P の座標が $(0, 0, 1)$ で
あるように座標変換した後で考えると，$f(x, y, 1)$ は m 次の部分＋高次の
部分の形になり，m 次の部分は互いに異なる m 個の 1 次式の積になる．そ
れらの因子のどれとも異なる 2 個の 1 次式 $ax+by$, $cx+dy$ を x, y の代わ
りに選んで，m 次の部分が x, y を因子に持たないとしてよい:
$$f(x, y, z) = f_m(x, y)z^{d-m} + f_{m+1}(x, y)z^{d-m-1} + \cdots + f_d(x, y), \quad f_m(x, y) = \prod_{s=1}^{m}(a_s x + b_s y)$$

　ここに，各 $f_j(x, y)$ は x, y についての j 次斉次式で，$s \neq t$ ならば $a_s :$
$b_s \neq a_t : b_t$. また，$a_s b_s \neq 0$ $(s = 1, 2, \cdots, m)$.

　$f(x^{-1}, y^{-1}, z^{-1})$ の分母を払った式は $F(x, y, z) = f_m(y, x)x^{d-m}y^{d-m}$

$+f_{m+1}(y, x)x^{d-m+1}y^{d-m+1}z+\cdots+f_d(y, x)z^{d-m}$ であるから，C に対応する
曲線 C' は $F(x, y, z)=0$ である．C の点 $P(t, u, 1)$ が直線 $a_s x+b_s y=0$
に接する分枝上を $(0, 0, 1)$ に近づけば，$t\to 0, t/u\to -b_s/a_s$ であるから，
対応する点 $(t^{-1}, u^{-1}, 1)$ すなわち $(1, t/u, t)$ は $(1, -b_s/a_s, 0)$ に近づく．す
なわち，C' の点で $(0, 0, 1)$ に対応するのは C' の点 $(1, -b_s/a_s, 0)$ $(s=1,$
$\cdots, m)$ であるので，これらの点が C' の単純点であることを示せばよい．
$F(x, y, z)$ を x で微分すると，$F_x(x, y, z)=(F_m)_x+(z$ で割り切れる式$)$，
$(F_m)_x=\sum_{s=1}^m (a_s\prod_{j=1}^{s-1}(a_jy+b_jx)\prod_{j=s+1}^m (a_jy+b_jx))$ となる．これに $(1,$
$-b_s/a_s, 0)$ を代入すると，$(F_m)_x$ に現れる $a_s\prod_{j=1}^{s-1} (a_jy+b_jx)\prod_{j=s+1}^m (a_jy$
$+b_jx)$ が 0 にならなくて，他は全部 0 になるので，$(1, -b_s/a_s, 0)$ は C' の単
純点である．（証明終わり）

　§7.3 の例3の曲線は4次曲線で，その特異点はただ一つで，それは結節
点，すなわち，通常2重点である．ゆえに，種数は2で，次の定理により，
非特異モデルは平面曲線では得られない．

　定理8.2.3.　射影平面上で特異点のない曲線の種数は2ではありえな
い．

　証明　特異点のない d 次曲線の種数は $(d-1)(d-2)/2$ である（定理
8.2.1）．$(d-1)(d-2)/2$ は $d=1, 2$ で 0，$d=3$ で 1，$d=4$ で 3，以後 d
とともに増加するので，値には 2 は現れない．（証明終わり）

8.3. 2次変換による特異点の変化

　射影平面上の曲線 C の次数の特徴付けは，C と一般な位置にある直線と
の交点の数であることに注意して，次の定理を証明しよう．

　定理8.3.1.　射影平面上の d 次の既約曲線 C に対し，同一直線上にな
い3点 P_1, P_2, P_3 を中心とする2次変換によって C に対応する曲線を C'
とする．C の点としての P_1, P_2, P_3 の重複度を，それぞれ，m_1, m_2, m_3 とし，
$s=d-m_1-m_2-m_3$ とおくと，C' は $d+s$ 次の曲線である．直線 P_2P_3，
P_3P_1, P_1P_2 に対応する点を，それぞれ，P_1', P_2', P_3' とすれば，それらの C'
の点としての重複度は，それぞれ，m_1+s, m_2+s, m_3+s である．

　ここで，点 P の曲線 C の点としての**重複度**は，P が C の点ではないときは 0 とし，P が単純点であるときは 1 とし，特異点であれば，特異点としての重複度とする．

　証明　2 次変換後の平面の直線になるのは，もとの平面で P_1, P_2, P_3 を通る 2 次曲線である．その，一般な一つを Q としよう．Q と C との交点の数は $2d$ であるが，各 $j=1,2,3$ について，P_j の重複度が m_j であり，C の点が P_j に近づくとき，P_j の近くの C の様子に応ずる特定の点 m_j 個への対応が定まる（定理8.2.2 の証明参照）ので，C と Q の交点で，Q に 2 次変換後に対応する直線との交点に対応するものは，$2d-m_1-m_2-m_3=d+s$ 個であるので，C' の次数は $d+s$ である．直線 P_jP_k と C との交点は d 個あるが，P_j における m_j 個分と P_k における m_k 個分は，P_j, P_k における C の分枝の接線方向に応じた点に対応するので，直線 P_jP_k が対応する点 P_t' には，残りの $d-m_j-m_k$ 個分が集まることになる．$j=1, k=2$ ならば $t=3$ であり，P_3' の重複度は $d-m_1-m_2=m_3+s$ である．他の j, k の場合も同様である．（証明終わり）

　この証明は，具体的例について，どうなるかを調べれば理解し易いので，各自，いくつかの例について調べてみよ．（ある程度の例は後で示す．）

　上の定理で，C の点で，直線 P_2P_3, P_3P_1, P_1P_2 のいずれにも属していない点の様子は変化しないのは，C からこれら 3 直線上にある点を除いたアフィン曲線と，C' から同様にしたアフィン曲線とが多様体として，ともに $C[X/Y, Y/X, X/Z, Z/X, Y/Z, Z/Y]$ を座標環に持つアフィン曲線と同じであることからわかる．

　直線 P_2P_3 上に，P_2, P_3 以外の特異点がある場合を考えよう．2 次変換は，座標変換をしないで 2 回繰り返すともとに戻るのであるから，直線 P_2P_3 が対応する点 P_1' は複雑でない特異点にはなりえない．したがって，複雑な特異点の例は簡単に作ることができる．複雑でない特異点の場合も含めて，2 次変換で簡単に作ることができる特異点の例を示そう．

　例1　曲線 $C: yz-z^2+x^2=0 \rightarrow C': x^2z-x^2y+yz^2=0$

　C は $y=0$ と2点 $(1,0,1)$, $(1,0,-1)$ で交わるので, $y=0$ が対応する点 $(0,1,0)$ は結節点.

例2　曲線 $C: y^2-2yz+z^2-xz=0 \to C': xz^2-2xyz+xy^2-y^2z=0$

　C は $x=0$ と $(0,1,1)$ で接しているので, $x=0$ が対応する点 $(1,0,0)$ は尖点.

例3　曲線 $C: x^2z-(y-z)^2z+x^3=0 \to C': xy^2z^2-x^3(z-y)^2+y^2z^3=0$

　C では点 $(0,1,1)$ が結節点であるので, 直線 $x=0$ に対応する点 $(1,0,0)$ $(\in C')$ は複雑な特異点であるが, 重複度は2である. C には他の特異点はないから, C' は $(1,0,0)$, $(0,1,0)$, $(0,0,1)$ 以外の特異点はない. $(0,1,0)$ は3重点で, $(0,0,1)$ は2重点である. これらのことを, もう少し詳しく調べよう. 直線 $z=0$ と C との交点は $(0,1,0)$ が3重に数えられるが, $(0,1,0)$ が2次変換の中心のうちの1点であるので, $z=0$ の一般の位置で接している場合と似た様子を示すことになり, $z=0$ に対応する点 $(0,0,1)$ は尖点になったのである. $x=0$ と C との交点は $(0,1,1)$ が2重に数えられ, 残りの1点は $(0,1,0)$ である. $(0,1,0)$ は2次変換の中心の一つであるので, $x=0$ に対応する点 $(1,0,0)$ には, C は $(0,1,1)$ へ2個の分枝に沿って近づくことが反映して, 尖点と似た特異点であるが, 上で述べたように複雑な特異点であり, 「2重点に他の2重点が付随」していると考えるべき状態である. $y=0$ と C の交点は3個の互いに異なる点であるから, $y=0$ が対応する点 $(0,1,0)$ は通常3重点である.

　2次変換において, $x=0$, $y=0$, $z=0$ を除いた範囲にある点については, 曲線 C の特異点と対応する曲線 C' の特異点には変化はない. したがって, 一般に, C が d 次曲線で, 2次変換の中心 $P_1(1,0,0)$, $P_2(0,1,0)$, $P_3(0,0,1)$ が C の m_1, m_2, m_3 重点で, $P_4, P_5, \cdots, P_t$ が C のその他の特異点で, 重複度が $m_3, m_4, \cdots, m_t$ であるときに, 数の列 $(d; m_1, m_2, m_3, m_4, \cdots, m_t)$ を定めると, 変換後の $P_1'(1,0,0)$, $P_2'(0,1,0)$, $P_3'(0,0,1)$ および, P_j $(j>3)$ に対応する点 P_j' を考え, $s=d-m_1-m_2-m_3$ とおけば, 定理8.3.1 は

C' に対する同様な列は $(d+s; m_1+s, m_2+s, m_3+s, m_4, \cdots, m_t)$ であることを示している．この列の変化で，次の(1)，(2)，(3)の値は（d を $d+s$ にし，$m_j (j \leq 3)$ を m_j+s にし；$m_j (j>3)$ は変えないとき）不変であることは容易に確かめられる．

(1)　$3d - \sum_{j=1}^{t} m_j$　(2)　$d^2 - \sum_{j=1}^{t} m_j{}^2$

(3)　$(d-1)(d-2)/2 - \sum_{j=1}^{t} m_j(m_j-1)/2$

既約な平面曲線 C が 2 次変換で曲線 C' に対応すれば，C と C' の関数体は共通なので，C と C' の種数は等しい．そこで，複雑な特異点のない状態から出発すれば（それが可能であることは知られている）最初の状態で(3)は種数を与え，その値は 2 次変換後も同一なので，複雑な特異点には特異点がいろいろな形で係随していると考えて，付随した特異点の重複度も上の列に仲間入りをさせれば，(3)が種数を与えるというのが，一般の場合の種数の公式である．

注意　2 次変換で d 次曲線が d' 次曲線に対応し，$d'>d$ であれば，$s=d'-d>0$．このとき：(1) $s \geq 2$ ならば P_1', P_2', P_3' は特異点であり，(2) $s=1$ であっても $m_1 \neq 0$ ならば P_1' は特異点である．

第9章

曲線の上の線型系(1)

　前にも述べたように，代数幾何では，曲線の形よりも，曲線上の関数を重視する．とくに第7章では，関数を利用して曲線を作ることを考えた．それは，もっと一般で，かつ，重要な利用方法としての，線型系の利用である．

　当分の間，関数体 $C(C)$ を持つ曲線 C（必ずしも平面曲線とは限定しな

い）と，その非特異モデル C^* とを固定して考えるので，単に**関数**と言うときは $C(C)$ の元を意味することにする．C^* の意味は固定するが，C については平面曲線と仮定することがある．

関数 f が C の点 P で**正則**であるとは，C の入っている射影空間の超平面で P を通らないものを無限遠と考えて，その上にある C の点を除いてできるアフィン曲線の座標環の元 g, h であって，$f=g/h$，$h(\mathrm{P})\neq 0$ となるものがあるときに言う．これは P を含むアフィン曲線の選び方には関係しないが，そのことの証明は省略する．

9.1. 局所パラメータ

次の定理の厳密な証明は手間がかかり過ぎるので，C が平面曲線の場合の証明を示そう．

定理9.1.1. P が C の単純点であれば，次の 2 条件①，②をみたす関数 t がある．

① t は P で正則であり，$t(\mathrm{P})=0$，②関数 f が P で正則であり，$f(\mathrm{P})=0$ であれば，f/t も P で正則である．

このような関数 t を点 P における**局所パラメーター**と言う．

C が平面曲線の場合の証明　アフィン曲線の場合に証明すればよい．C の定義式が $F(x, y)=0$ で，P の座標が (a, b) のとき，$x'=x-a$，$y'=y-b$ として，
$$F(x, y)=F_x(a, b)x'+F_y(a, b)y'+(x', y' について 2 次以上の項の和)$$
（定理3.1.2）．

単純点であるから，$F_x(a, b)=c$，$F_y(a, b)=d$ のうち，少なくとも一方が 0 ではない．$d\neq 0$ の場合を考えよう．x', y' が定める C 上の関数を t, u とすると，$F(x, y)=0$ は
$$ct+du+\sum c_{ij}t^i u^j=0 \quad (i, j は i+j\geqq 2)$$
の形になるから，t が現れる項とそうでない項とに分けて
$$t(c+(t, u についての 1 次以上の項の和))$$
$$=u(d+(u について 1 次以上の項の和))$$

となるから,

$u/t=(c+(t, u$ についての１次以上の項の和$))/(d+(u$ について１次以上の項の和$))$

となり，右辺の分母は，$d \neq 0$ であるから，u/t は P で正則な関数である．

t が①をみたすことは明らかである．関数 f が P で正則であって，$f(\mathrm{P})=0$ であるとする．$f=g/h$ （g, h は C の座標環の元で $h(\mathrm{P}) \neq 0$）．g は x, y の多項式の形の関数であり，その多項式は x', y' の多項式で表されるから，g は t, u の多項式の形に表される．したがって，u/t についての上の結論から，g/t は P で正則である．$h(\mathrm{P}) \neq 0$ であるから $f/t=(g/t)/h$ も P で正則である．ゆえに，t は P における局所パラメーターである．(証明終わり)

定理9.1.2. t が C の単純点 P における局所パラメーターであるとき，

(1) P で正則な関数 f の P での値が 0 で，f は定数 0 ではないならば，$f^*=f/t^e$ が P で正則であって，$f^*(\mathrm{P}) \neq 0$ となるような自然数 e が定まる．

(2) 関数 f が P で正則でないならば，$f^{-1}=1/f$ は P で正則であって，$f^{-1}(\mathrm{P})=0$．

(1)での e は P における f の**零点の位数**と言う．(2)の場合，f^{-1} の P における零点の位数を，P における f の**極の位数**と言う．

証明 (1)は局所パラメーターの性質（前定理）からわかる．すなわち，まず f/t の P における値が 0 でないならば $e=1$ であり，値が 0 であれば $(f/t)/t=f/t^2$ を考えるというようにして行けばよい．(2)については，f をアフィン座標環の元の分数形 g/h に表すと，$h(\mathrm{P})=0$．g が P で値 0 をとらなければ，$f^{-1}=h/g$ で，主張は正しい．$g(\mathrm{P})=0$ の場合は，(1)により，適当な自然数 d, e を選べば，$g=t^d j$，$h=t^e k$ であって，j, k が P で正則，かつ値は 0 ではないようになる．f が正則でないのだから，$e>d$ であり，$f=j/t^{e-d}k$ となるから，主張は正しい．（証明終わり）

注意 C が平面曲線で，P が単純点である場合，他の d 次平面曲線 D（定義式

は $G(x, y, z)=0$) が C を成分に持たないとすれば，§3.3 で定義したように C と D の P における接触の位数が定まるが，それは，たとえば，P が固有平面 $z=0$ にあれば，関数 $G(x, y, z)/z^d$ を C に制限して得られる関数の P における零点の位数と一致する．

9.2. 非特異モデルの因子

既約な平面曲線の非特異モデルについては§7.3 で述べたように，必ずしも平面曲線として得ることはできないが，もとの平面曲線とは，有限個の特異点を除いた部分は，非特異モデルの対応する部分と多様体として同じであるから，両者を比べながら，話を進めよう．

C, C^* は初めに述べた通りとする．C^* の点に有理整数の係数を付け加えた形のもの $D=n_1 \mathrm{P}_1+n_2 \mathrm{P}_2+\cdots+n_r \mathrm{P}_r$ （$n_j \in \mathbf{Z}$, $\mathrm{P}_j \in C^*$) を C^* の因子という．係数 0 の項は書いても書かなくても同じである．$n_j \neq 0$ である P_j を D の成分という．因子 $D=n_1 \mathrm{P}_1+n_2 \mathrm{P}_2+\cdots+n_r \mathrm{P}_r$ について，その係数の和 $\sum_{i=1}^r n_i$ を D の次数と言い，$\deg D$ で表す．

因子 $n_1 \mathrm{P}_1+n_2 \mathrm{P}_2+\cdots+n_r \mathrm{P}_r$ について，その係数 n_i に負の数が現れないとき，この因子は正の因子であると言う．n_i すべて 0 の場合，因子としての零（ゼロ）と言うが，これも正の因子である．（数の正とは少し違うことに注意．）

f が C の関数体 $\mathbf{C}(C)$（これは $\mathbf{C}(C^*)$ と同じ）の元で $f \neq 0$ のとき，f の因子 $\sum_{\mathrm{P}} n(\mathrm{P})\mathrm{P}$ を次のように定義し，(f) で表す：

C^* の各点 P について，(1) $f(\mathrm{P})=0$ の場合は P の係数 $n(\mathrm{P})$ は P における f の零点の位数と定め，(2) f が P で正則でない場合には $n(\mathrm{P})$ は f^{-1} の P における零点の位数（すなわち，f の P における極の位数）のマイナスと定める．なお，f が P で正則で $f(\mathrm{P}) \neq 0$ のときは，$n(\mathrm{P})=0$ である．

次のことが知られているが，証明は省く．なお，関数 0 の因子は考えない．

定理9.2.1. 0 でない関数の因子の次数は 0 である．

定理9.2.2. f, g が C^* の上の 0 でない関数であれば $(fg)=(f)+(g)$

である.

証明　関数の積についての零点・極の位数はそれぞれの位数の和になるから.（証明終わり）

主な部分の証明を省いた代わりに，簡単な例で (f) がどうなっているかの説明をしよう.

射影平面における直線 $x=0$ の場合: 射影平面の座標を (x,y,z) とすると，$t=y/z$ についての多項式 $g(t)=c_0t^d+c_1t^{d-1}+\cdots+c_d$（$c_i$ は定数で，$c_0\neq0$）は固有平面 $z\neq0$ で定義された関数である. 直線 $x=0$ を L で表そう. これらの関数が定める L の上の関数を同じ記号 $t,g(t)$ で表すことにして，L の因子 $(t),(g(t))$ を求めてみよう. L の $z\neq0$ の部分 L_z はアフィン直線で，その座標環は $C[t]$ であり，L の $y\neq0$ の部分のアフィン直線 L_y の座標環は $C[t^{-1}]$ である.

まず，(t) については，点 $P_0(0,0,1)$ は t の位数 1 の零点であるから P_0 の係数は 1 である. t は L_z の座標環の元であり零点は他にはないから，L_z の他の点の係数は 0 である. L_y の点のうち L_z に属していないのは $P_*(0,1,0)$ だけであるから，P_* の係数を調べる. $t=1/t^{-1}$ であって，t^{-1} が P_* を位数 1 の零点として持つので，P_* の係数は -1 である. ゆえに $(t)=P_0-P_*$ である. $(g(t))$ については，まず P_* の係数を調べよう. $g(t)=(c_0+c_1t^{-1}+\cdots+c_dt^{-d})/(t^{-1})^d$ であるから，P_* の係数は $-d$ である. L_z の点の係数については，$g(t)$ の複素数係数の範囲での因数分解によって得られる d 個の根が関係する. すなわち，$a_1,\cdots,a_s$ が互いに異なる根全体で，それぞれの重複度が $e_1,\cdots,e_s$ であれば，点 $(0,a_i,1)$ が $(g(t))$ に係数 e_i で現れるので，$(g(t))=\sum_{i=1}^s e_i(0,a_i,1)-dP_*$ である.

$\sum_{i=1}^s e_i$ は $g(t)$ の根の総数だから d と一致する. したがって $\deg(g(t))=0$ である. (t) の次数についても $1+(-1)=0$ になっている.

もう一つの例として，平面 3 次曲線 $C:x^3+y^3+z^3=0$ と，その上の二つの関数 $t=x/z$ および $g(t)=c_0t^d+c_1t^{d-1}+\cdots+c_d$（$c_i$ は定数で，$c_0\neq0$）を考えよう. C の固有平面 $z\neq0$ にある部分 C_z の座標環は t の他に $u=y/z$（ともに，固有平面上の関数ではあるが，上の例と同様，それらが定

める C 上の関係として同じ記号を使って考える）を用いれば $C[t, u]$ である．t と u の間には $t^3+u^3+1=0$ という関係がある．C_z に属さない C の点は 1 の虚立方根の一つを ω で表せば，$(1, -1, 0)$，$(1, -\omega, 0)$，$(1, -\omega^2, 0)$ の 3 点だけであり，これらは C の固有平面 $x\neq0$ にある部分 C_x に属していて，C_x の座標環は $C[t^{-1}, ut^{-1}]$ である．

まず，(t) については，C_z の点で係数が 0 でないのは，$(0, 1, -1)$，$(0, 1, -\omega)$，$(0, 1, -\omega^2)$ の 3 点であり，それらの係数はすべて 1 である．C_z に属さない 3 点については $t^{-1}=z/x$ が C_x の座標環の元であって，$t=1/t^{-1}$ であるから，これらの点の係数はすべて -1 である．したがって，

$(t)=(0, 1, -1)+(0, 1, -\omega)+(0, 1, -\omega^2)$
$\qquad -(1, -1, 0)-(1, -\omega, 0)-(1, -\omega^2, 0)$

$(g(t))$ については，上の例と同様，多項式 $g(x)$ の互いに異なる根が a_1, …, a_s で，それらの重複度が $e_1, \cdots, e_s$ であるとしよう．まず，C_z の点で，その座標が $(a_i, b, 1)$ の形の点は b の条件が $b^3=-1-a_i{}^3$ であるから，(1) $a_i{}^3\neq-1$ ならば，3 点あって，そのうちの 1 点が $(a_i, b_i, 1)$ であれば，残りの 2 点は $(a_i, \omega b_i, 1)$，$(a_i, \omega^2 b_i, 1)$ であり，(2) $a_i{}^3=-1$，すなわち，a_i が $-1, -\omega, -\omega^2$ のいずれかである場合は $(a_i, 0, 1)$ の 1 点だけである．直線 $x-a_i z$ と C との交わりが $t-a_i$ の零点に相当するので，その位数は，(1)の場合，3 点がすべて1，(2)の場合は 3 である．というわけで，(2)の場合を含めてまとめて書くのには，(2)の場合は(1)の形で $b_i=0$ の 3 点とみなせば，$t-a_i$ の零点は $(a_i, b_i, 1)$，$(a_i, \omega b_i, 1)$，$(a_i, \omega^2 b_i, 1)$ の 3 点として表すことができる．したがって，$(g(t))$ には，これらが係数 e_i で現れる．C_z に属さない 3 点については，t^{-1} が C_x の座標環の元で，$g(t)=(c_0+c_1t^{-1}+\cdots+c_d t^{-d})/(t^{-1})^d$ であるから，係数はそれぞれ $-d$ になる．したがって $(g(t))=\sum_{i=1}^{s}e_i((a_i, b_i, 1)+(a_i, \omega b_i, 1)+(a_i, \omega^2 b_i, 1))-d((1, -1, 0)+(1, -\omega, 0)+(1, -\omega^2, 0))$．この場合も次数は，正の係数の和が $3d$ であるから，$\deg(g(t))=0$ である．

9.3. 線型系

二つの因子 $D_1=\sum_{i=1}^r m_i P_i$, $D_2=\sum_{j=1}^s n_j Q_j$ が**線型同値**であるとは D_1 $-D_2\,(=\sum_{i=i}^r m_i P_i+\sum_{j=1}^s -n_j Q_j)$ が，ある関数 $f\,(\neq 0)$ の因子 (f) と一致するときに言う。

定理9.3.1. D_1 と D_2 が線型同値であれば，$\deg D_1=\deg D_2$ である。

証明 上の記号のもとで，$\deg(D_1-D_2)=\deg(f)=0$ （定理9.2.1）（証明終わり）

定理9.3.2. D_1 と D_2 が線型同値で，D_2 と D_3 が線型同値ならば，D_1 と D_3 も線型同値である。

証明 $D_1-D_2=(f)$, $D_2-D_3=(g)$ となる関数 f,g がある。すると D_1 $-D_3=(f)+(g)=(fg)$（証明終わり）

C^* の因子の集合 L が，(1) L に属する因子はすべて正の因子であり，(2) 関数 $f_1,\,\cdots,\,f_r$ によって得られる $M=\sum_{i=1}^r f_i C\,(=\{c_1 f_1+\cdots+c_r f_r\mid c_i \in C\})$ と一つの因子 D_0 とがあって，$L=\{(g)+D_0\mid 0\neq g\in M\}$ の 2 条件をみたすとき，L は C の上の**線型系**であるという。M を定めるための関数 $f_1,\cdots,f_r$ の数の最小を L の**次元**といい，$\dim L$ で表す。すなわち，$f_1,\cdots,$ f_r に $c_1 f_1+\cdots+c_r f_r=0\,((c_1,\cdots,c_r)\neq(0,\cdots,0))$ という関係が存在しないときは，$\dim L=r$ で，そういう関係があれば，たとえば $c_1\neq 0$ の関係があれば f_1 は不要であるので，r より小さい次元になる。例外的な $M=\{0\}$ のときは，L は空集合であり，$\dim L=0$ とする。

$(g)+D_0$, $(g')+D_0$ が L に属せば，その差は $(g)-(g')=(g/g')$ であるから，

(∗) 同じ線型系に属する因子は互いに線型同値である。

🔲 (1) 定理4.3.1 にならって，次を示せ：P が線型系 L（ただし $\dim$ $L>1$）の**固定点**，すなわち，L に属する因子すべてに正の係数で現れる点，でないならば，$L'=\{D\in L\mid$ P の D における係数は正$\}$ は線型系をなし，$\dim L'=\dim L-1$. (2) (1)を利用して，次を示せ．線型系 L の次元が r で

$r>1$ であるとき，①C^* の次数 $r-1$ の任意の正の因子 D に対し，適当な正の因子 D' を取れば，$D+D'\in L$；②C^* の次数 r の因子 D'' のうちには①と同様のことが成り立たないものがある.

　次の事実は重要であるが，証明はむつかしいので省略する.

　定理9.3.3. D が C^* 上の因子であれば，D と線型同値な正の因子全部の集合は線型系になる.

　このようになっている線型系は**完備**な線型系であるという．またこの定理のように，因子 D で定まる完備線型系は $|D|$ で表す．D と線型同値な正の因子がない場合もある．すなわち，空集合も完備線型系である.

　線型同値な因子の簡単な例として，次を示そう.

　C は射影平面上の既約な曲線（関数体を持つ曲線）であるとする．C を成分には持たない曲線 D と C との交点には C の特異点がない場合に，D と C の**交わり**を次のように定め，$D \cdot C$ で表す.

　各交点 P について，P における D と C の接触の位数を $n(\mathrm{P})$ として，$D \cdot C = \sum n(\mathrm{P})\mathrm{P}$ である．この和では，P は交点全体を動く.

　C が非特異モデルではないので，この定義は変だと考えるかも知れないが，C の非特異モデルとの違いは，特異点だけであるので，上の $D \cdot C$ は非特異モデルの因子と考えられるのである.

　定理9.3.4. C は上の通りとし，D, D' は因子 $D \cdot C, D' \cdot C$ が定義されるような曲線で，さらに，D と D' の次数が同じであるならば，$D \cdot C$ と $D' \cdot C$ とは線型同値である.

　証明　適当に座標変換をすることにより，直線 $L: z=0$ についても $L \cdot C$ が定義され，L は D と C の交点は通らないと仮定してよい．D の次数が d であるとして，D の定義式を $f(x, y, z)=0$ とすると，f は d 次の斉次式であるから，$t=f(x,y,z)/z^d$ は射影平面から L を除いた範囲で定義された関数である．t を C へ制限したものも同じ t で表すことにする．C の任意の点 P において t を考察しよう．(1) P が $D \cdot C, L \cdot C$ の成分でないならば，t は P で 0 でない値をとるから，P は (t) の成分には現れない．(2) P が $D \cdot C$ の成分ならば，$D: f=0$ と C との接触の位数が $n(\mathrm{P})$

であることは，$t=f/z^d$（z は P では 0 でないことに注意して）の零点として P の位数が n(P) であることを意味し，P は (t) の成分であり，その係数は n(P) である．(3) P が $L \cdot C$ の成分であるときは，f(P) は 0 でないから，t^{-1} が P の近くを定義域に含む関数であり，P の t^{-1} の零点としての位数は $L \cdot C$ での係数の d 倍である．したがって，$(t)=D \cdot C-d(L \cdot C)$ である．したがって，$D \cdot C$ と $d(L \cdot C)$ とは線型同値である．同様にして，$D' \cdot C$ と $d(L \cdot C)$ とは線型同値である．ゆえに，定理9.3.2 により $D \cdot C$ と $D' \cdot C$ とは線型同値である．（証明終わり）

　この定理によれば，上のような平面曲線 C に対し，次数 d を固定して，d 次曲線と C との交わり全部を考え，特異点を通らない交わりはそのまま非特異モデルの因子と考え，特異点を通る場合には，それが非特異モデルでのどの因子に相当するかを判断することによって，非特異モデル上の線型系を知ることができる．しかし，特異点が複雑な場合にはそのような判断がむつかしい．

　C が特異点を持たないときは，むつかしい判断なしに線型系が作られ，次の定理が得られる．

　定理9.3.5.　d 次平面曲線 C が特異点を持たないならば，$L_e=\{D \cdot C \mid D$ は e 次曲線で，C を成分には持たない$\}$ は完備線型系であり，その次元は(1) $e<d$ ならば $(e^2+3e+2)/2$ で，(2) $e \geqq d$ ならば $d(2e-d+3)/2$ である．

　証明　前半での完備性はむつかしいので省く．残りについては，まず，e 次曲線がどれだけあるかを考えよう．x, y, z についての e 次単項式の数は $(e^2+3e+2)/2$ である．その理由は「$x+y+z=e$ の負でない整数解の数（その解がベキ指数になる）」がその数であるが，負でない解を自然数解に変更するため，1 ずつ増やして「$x+y+z=e+3$ の自然数解の数」としても同じになる．そこで $e+3$ 個の丸を並べて 2 本の区切りを付けて，初めの区切りまでの数が x，区切りに挟まれた数が y，残りの数が z とすればよいので，$e+3$ 個の丸の間 $e+2$ 個から 2 個を選ぶ選び方 $_{e+2}C_2=(e+2)(e+1)/2$ という計算によるのである．さて，e 次斉次式全体（0 も含める）を F_e と

する．(1) $e<d$ のとき，$M=\{f/x^e \mid f\in F_e\}$ と $D=(x^e=0$ と C との交わ
り）とによって L_e が得られるので $\dim L_e$ は F_e を生成する単項式の数と
一致する．(2) $e\geqq d$ のときは，$f, g\in F_e$ について，$f/x^e, g/x^e$ が同じ関数
を C に与えるための必要十分条件は $f-g$ が C を定義する d 次斉次式，
それを H としよう，で割り切れることであるので，一つの交わりを与える
f に対し，$\{af+kH \mid k\in F_{e-d}, 0\neq a\in C\}$ の元が同じ交わりを与える．F_{e-d}
の生成元 $k_1, \cdots, k_s$ $(s=(e-d+2)(e-d+1)/2)$ を定め，F_e の生成元とし
て，まず関数 0 を与える $k_1H, \cdots, k_sH$ を選ぶ．その後，必要な f を選んだ
ら，$f+kH$ の形の元は f と $k_1H, \cdots, k_sH$ に係数をかけて加えた形で得ら
れるので，(1)の場合と同様な M を作ると，$k_1, \cdots, k_s$ を省いた生成元で出発
すればよいことになり，次元が $(e+2)(e+1)/2-(e-d+2)(e-d+1)/2$
になり，この式を整理すれば，定理の主張通りになる．（証明終わり）

9.4. リーマン・ロッホの定理

　線型系の次元についての重要な定理にリーマン・ロッホの定理があるが，
これも証明はむつかしいので省き，内容の説明を詳しく述べることにする．
まず，非特異モデル C^* には**標準因子**と呼ばれる特別な因子がある．その定
義は§10.1 で述べるが，標準因子は線型同値の意味で決まる，すなわち，K
が標準因子ならば，K と線型同値な因子全体が標準因子全体である．また，
この定理では，§8.2 で述べた種数が重要な役目をになう．

　定理9.4.1. （**リーマン・ロッホの定理**）K が C^* の標準因子であるなら
ば，C^* の任意の正の因子 D について
$$\dim|D|=\deg D-g+1+\dim|K-D|$$
ただし，g は C^*の種数である．

　定理9.4.2. 標準因子 K については，$\dim|K|=g, \deg K=2g-2$ がその
特徴付けである．

　証明 定理9.4.1 において，D として因子としてのゼロ，0 で表そう，を
適用すると，$\deg 0=0$ である．0 と線型同値な正の因子は 0 以外にはないか
ら $|0|=\{0\}$ であり，この線型系は M として $C=1C$ を取って $|0|=\{(f)\mid$

$0 \neq f \in C$} として得られるから dim$|0|=1$. deg $0=0$, $K-0=K$ であるから 1$=0-g+1+$dim$|K|$. ゆえに dim$|K|=g$. 次に，$D=K$ のときに適用すれば dim$|K|=$deg $K-g+1+$dim$|K-K|$ で，$K-K=0$ であるから，dim$|K-K|=1$. また dim$|K|=g$ であったから，deg $K=2g-2$. 逆に，ある因子 D について，dim$|D|=g$, deg $D=2g-2$ であったとしよう．dim$|K-D|=$dim$|D|-$deg $D+g-1=1$ である．deg$(K-D)=0$ であるから，$|K-D|=|0|$ であり，D は標準因子である．（証明終わり）

　定理8.2.1 において，d 次の平面曲線 C に特異点がなければその種数 g は $(d-1)(d-2)/2$ であることを述べたが，そのことと定理9.3.5 を利用して次を示そう．

　定理9.4.3.　d の次の平面曲線 C に特異点がなく，$d>3$ であれば，$d-3$ 次曲線 E との交わり $E\cdot C$ は C の標準因子である．

　証明　$e=d-3$ として，e 次平面曲線との交わりとして得られる C の線型系 L_e は完備なので，因子 $D=E\cdot C$ を考えると，$|D|=L_e$. D の次数は $d(d-3)$ であるので，定理9.4.1 の等式を当てはめると

　　$((d-3)^2+3(d-3)+2)/2=d(d-3)-(d^2-3d+2)/2+1+dim|K-D|$

　　ゆえに $2\cdot$dim$|K-D|=2$ であり，dim$|K-D|=1$.

　　deg $D=d(d-3)=2g-2$, deg$(K-D)=0$, dim$|K-D|=1$ であるから，D は標準因子である．（証明終わり）

　■注意■ 特異点のない 3 次の平面曲線の種数は 1 であるので，deg $K=2g-2=0$, dim$|K|=g=1$ であるから，$|K|$ は空集合ではない．deg $K=0$ ゆえ $|K|=$｛因子としての 0｝.

第 10 章

曲線の上の線型系(2)

　前章の最後で述べたリーマン・ロッホの定理は非常に重要な定理であるので，この章では，まず，リーマン・ロッホの定理に現れた標準因子について学ぼう．前章の初めのところで，第7章で扱ったような，関数を使って曲線を作ることは，線型系を使ってもっと一般に扱える旨のことを述べたが，この章の後半では，その方向の扱いについて学ぶことにしよう．

10.1. 微分形式と標準因子

§9.4 においてリーマン・ロッホの定理に関連して標準因子を定義なしで登場させたので，その**定義**に関連することから始めよう．今まで通り，関数体 $C(C)$ を持つ曲線 C と，その非特異モデル C^* を考える．単に関数と言えば，関数体 $C(C)$ の元を意味することにする．C（または C^*）の上の**微分形式**とは，関数 f, t（ただし，t は定数ではない）により，fdt と表されるものを意味し，他の関数による gdu との関係としては，$g \neq 0$ ならば u を t で微分した微分係数 du/dt が f/g と等しいことが $fdt = gdu$ と同値であるものと定める．

確かめておくべきことは，

定理10.1.1. f, g, h が，いずれも定数 0 ではない関数で，t, u, v が定数でない関数であって $fdt = gdu$, $gdu = hdv$ ならば $fdt = hdv$

証明 合成関数の微分の公式により，$dv/dt = (dv/du)(du/dt)$ である．仮定により，右辺は $(g/h)(f/g) = f/h$ となるから，$fdt = hdv$.（証明終わり）

微分形式 fdt（$f \neq 0$, $t \neq$ 定数）に対して，fdt の**因子** (fdt) を次のように定義する．

C^* の各点Pについて，Pでの局所パラメーター u を用いて $fdt = gdu$ であるような関数 g を定める．そして，(fdt) におけるPの係数 $n(P)$ は (1) $g(P) = 0$ ならば，$n(P) = (g$ のP における零点の位数$)$, (2) g がPで正則であって $g(P) \neq 0$ ならば，$n(P) = 0$, (3) g がPで正則でない場合，すなわち，g^{-1} がPで 0 になるとき（定理9.1.2 参照）は，$n(P) = -(P$ における g の極の位数$)$.

このように微分形式の因子を定義した上で，ある微分形式の因子になるものを**標準因子**とよぶのである．K が微分形式 fdt の因子 (fdt) であれば，他の微分形式 gdt の因子は $K + (g/f)$ になり，標準因子全体は，一つの標準因子と線型同値な因子全体と一致するのである．

標準因子の例を示そう．

例1 射影直線の標準因子

点 $(1,0)$ を除いたアフィン直線 $L_1=\{(a,1)\mid a\in \mathbf{C}\}$ の座標環は $\mathbf{C}[x]$ であるので，微分形式として dx を考える．点 $(0,1)$ を除いたアフィン直線 $L_2=\{(1,b)\mid b\in \mathbf{C}\}$ の座標環を，関数 x を使って表せば $\mathbf{C}[x^{-1}]$ である．さて，L_1 の点 $(a,1)$ については $x-a$ が局所パラメーターであり，$dx=d(x-a)$ であるから，(dx) における L_1 の点の係数はすべて 0 である．L_1 に属していないのは $(1,0)$ だけであり，この点では $t=x^{-1}$ が局所パラメーターになっているので，$d(x^{-1})=dt$ と dx を比べる必要がある．$d(x^{-1})/dx=-x^{-2}$ であるので，$dx=-x^2d(x^{-1})=-t^{-2}dt$．$t^{-2}$ は $(1,0)$ を位数 2 の極に持つので，(dx) における $(1,0)$ の係数は -2 である．ゆえに，$(dt)=-2(1,0)$．

問 2 次曲線 $x^2+y^2=z^2$ と射影直線とは多様体として同じである（§6.3）から，直線を成分には持たない 2 次曲線については，次数 -2 の標準因子になることが上の例からわかるが，上の例の結果を使わずに，曲線 $yz=x^2$, $x^2+y^2=z^2$ の，少なくとも一方について，微分形式の因子を計算することにより，標準因子を求めよ．

例2 3 次曲線 $C: y^2z=x(x-z)(x-cz)$ （c は $0,1$ 以外の定数）の標準因子

この曲線は特異点を持たない（定理4.2.1）だけでなく，特異点のない平面 3 次曲線は適当な座標変換をすれば，この形の方程式のものになる（定理5.2.1）ことに注意しておこう．

直線 $z=0$ 上にある C の点は $(0,1,0)$ だけである．C からこの点を除いた曲線を C_1 で表そう．固有平面 $z\neq 0$ における関数 $t=x/z, u=y/z$ が定める C 上の関数も同じ t,u で表そう．C 上では $u^2=t^3-(1+c)t^2+ct$ という関係があり，

$$2u\,du=(3t^2-2(1+c)t+c)dt \cdots\cdots ①$$

標準因子 $(u^{-1}dt)$ を考える．C_1 の点 $(a,b,1)$ $(b^2=a^3-(1+c)a^2+ca)$ の局所パラメーターを見つけるために，$v=t-a, w=u-b$ とおく．すると，

$(w+b)^2=(v+a)^3-(1+c)(v+a)^2+c(v+a)$. ゆえに, $w^2+2bw=v^3+(3a-1-c)v^2+(3a^2-2(1+c)a+c)v$. この関係は, $b\neq0$ ならば, v は局所パラメーターであることを示している(定理9.1.1 の証明参照). $v=t-a$ であるから $dv=dt$ であり, C_1 の点 $(a,b,1)$ で $b\neq0$ の場合は, u の値は 0 でないから, $(u^{-1}dt)$ におけるその点の係数は 0 である. $b=0$ の点は $P_1=(0,0,1)$, $P_2=(1,0,1)$, $P_3=(c,0,1)$ の 3 点であり, それらの点で, 上の式の v の係数 $3a^2-2(1+c)a+c$ の値は, それぞれ, c, $1-c$, c^2-c で, いずれも 0 でない. したがって, これら 3 点では w が局所パラメーターになる. $w=u-b=u$ であるから, ①により $u^{-1}dt=(2/(3t^2-2(1+c)t+c))du$. この du にかかっている関数の分母の P_1, P_2, P_3 における値は, 上で v の係数として計算したものと同じであり, 0 ではない. 分子 2 も 0 ではないから, $(u^{-1}dt)$ における P_i $(i=1,2,3)$ の係数もすべて 0 である. 考えるべき残りの点は, $(0,1,0)$ である. 固有平面 $y\neq0$ を考える. 座標関数は $t^*=x/y$, $u^*=z/y$ であり, その間の関係式は $u^*=t^{*3}-(1+c)t^{*2}u^*+ct^*u^{*2}$ となるから, この点では t^* が局所パラメーターになっていることがわかる. $t^*=t/u$ であり, 微分係数 dt^*/dt を計算すると $d(t/u)/dt=(u-t(du/dt))/u^2=(u-t(3t^2-2(1+c)t+c)/(2u))/u^2=(2u^2-3t^3+2(1+c)t^2-ct)/2u^3$. ゆえに, $u^{-1}dt=gd(t/u)$, ただし, $g=2u^2/(2u^2-3t^3+2(1+c)t^2-ct)$

点 $(0,1,0)$ で正則な t^*,u^* を用いて g を書き直すと, $t=t^*u^{*-1}$, $u^*=u^{-1}$ であるから,

$g=2u^{*-2}/(2u^{*-2}-3t^{*3}u^{*-3}+2(1+c)t^{*2}u^{*-2}-ct^*u^{*-1})=2u^*/(2u^*-3t^{*3}+2(1+c)t^{*2}u^*-ct^*u^{*2})$

右辺の分母は $2u^*-3(u^*+(1+c)t^{*2}u^*-ct^*u^{*2})+2(1+c)t^{*2}u^*-ct^*u^{*2}=-u^*-(1+c)t^{*2}u^*+2ct^*u^{*2}$ であるから, $g=-2/(1+(1+c)t^{*2}-2ct^*u^*)$ となり, g の分母, 分子ともに点 $(0,1,0)$ で 0 にならないので, $(u^{-1}dt)$ における $(0,1,0)$ の係数も 0 である. すなわち, $(u^{-1}dt)$ は因子としての 0 である. (定理9.4.3 の後の注意参照)

例3　4次曲線 $C: xyz^2+x^4-y^4=0$ の標準因子

この曲線 C は $(0,0,1)$ を2重点に持ち，他には特異点がないことを，まず確認しよう．$F(x,y,z)=xyz^2+x^4-y^4$ とおくと，$F_x=yz^2+4x^3$，$F_y=xz^2-4y^3$，$F_z=2xyz$ である．特異点の条件 $F_x=F_y=F_z=0$ のうち $F_z=0$ から，$x=0$，$y=0$，$z=0$ の，少なくとも一つが成り立つ．(1) $z=0$ とすると，他の2条件から $x=y=0$ となり，不適．(2) $x=0$ とすると $F_y=0$ から $y=0$，この場合 $F_x=0$ もみたされる．(3) $y=0$ とすると $F_x=0$ から $x=0$ となり，(2)の場合に帰着される．というわけで，特異点は $(0,0,1)$ だけである．固有平面 $z\neq0$ においては，C の方程式は $xy+x^4-y^4=0$ であるから，原点が結節点（通常2重点）であることもわかる．

簡単な特異点であるから，点 $(0,0,1)$ を通る直線 $L_{a,b}: ax+by=0$ との交わりが作る線型系はわかりやすいので，それに属する因子と標準因子との関係を，まず示そう．

点 $(0,0,1)$ は非特異モデルの二つの点に相当する．その一つは $x=0$ との接点としての $(0,0,1)$（$x=0$ と接する分枝の上の接点），他の一つは $y=0$ との接点としての $(0,0,1)$ である．これらを P_x,P_y で表そう．

直線 $L_{a,b}$ と C との交わりは，ベズーの定理によれば4点からなる．しかし，$(0,0,1)$ を通るのであるから，それは2点分 (P_x+P_y) になり，残りは2点である．この残りの2点が $a:b$ の変化とともに変わり，下で示すように，2次元の線型系になる．この線型系を S で表そう．$L_{0,1}$，$L_{1,0}$ の場合，$(0,0,1)$ 以外の交点はなく，接触の位数から，交わりはそれぞれ $3P_y+P_x$，P_y+3P_x であることがわかり，P_y+P_x が共通分であるので，$2P_x$，$2P_y$ は線型系 S に属する．

(1) リーマン・ロッホの定理に関して：

定理8.2.1 によれば，C の種数は $(4-1)(4-2)/2-2(2-1)/2=3-1=2$ である．したがって，定理9.4.2 により，C の標準因子 K の特徴付けは $\deg K=2$，$\dim|K|=2$ である．

上で述べた $L_{a,b}$ との交わりで定めた次数2の線型系 $S=\{L_{a,b}\cdot C$

$-\mathrm{P}_x-\mathrm{P}_y\mid(a,b)$ は射影直線上を動く } の次元が 2 であることを確かめよ
う．それには，S を定める加法群と因子を見つければよい．C 上の関数 t^*
$=x/z,\ u^*=y/z$ を取り，$M=t^*C+u^*C$ として，$0 \neq f \in M$ を考えよう．
$f=at^*+bu^*$ の極は $z=0$ の上の 4 点 ($\mathrm{P}_1(1,1,0)$, $\mathrm{P}_2(1,-1,0)$,
$\mathrm{P}_3(1,i,0)$, $\mathrm{P}_4(1,-i,0)$, ただし i は虚数単位)であって，f の零点は $L_{a,b}$
との交わりである．したがって，S は，この M と因子 $\mathrm{P}_1+\mathrm{P}_2+\mathrm{P}_3+\mathrm{P}_4-\mathrm{P}_x$
$-\mathrm{P}_y$ とによって定義される．したがって，$\dim S=2$．S の完備性の証明を
すれば，S に属する因子は標準因子であることの証明が完了する．$D\in S$ の
とき $2\leqq\dim|D|=\deg D-g+1+\dim|K-D|=1+\dim|K-D|$ であるか
ら，$\dim|K-D|\geqq1$．ところが，$\deg(K-D)=0$ であるから，$|K-D|$ に属
し得る正の因子は因子としてのゼロ以外にはない．これは　$\dim|K-D|\leqq$
1 を示し，$\dim|K-D|=1$．ゆえに $\dim|D|=2$，$S=|D|$．（証明終わり）

　(2) 微分形式の因子として：

　点$(0,0,1)$は直線 $y=0$ の上にあるから，関数 $t=x/y,u=z/y\,(=u^{*-1})$
を (C の上の関数として) 考え，標準因子 (du) の計算をしよう．関係式
は $tu^2+t^4=1$ で，これを t で微分して，$u^2+2tu(du/dt)+4t^3=0$ すなわ
ち，

$$du/dt=-(4t^3+u^2)/2tu\ \cdots\cdots①$$

　C と直線 $y=0$ の共通点は $(0,0,1)$ だけであるから，C の固有平面 y
$\neq0$ にある部分，すなわち C から $(0,0,1)$ を除いた残りの曲線 C_1 上の点
$(a,1,b)$での局所パラメーターを見つけるために，$v=t-a,w=u-b$ と
おく．($ab^2+a^4=1$ である．) $(v+a)(w+b)^2+(v+a)^4=1$ であるから，

$$vw^2+aw^2+2bvw+2abw+b^2v+v^4+4av^3+6a^2v^2+4a^3v=0,\ \ \text{すなわち}$$
$$4a^3v+2abw+6a^2v^2+2bvw+aw^2+4av^3+vw^2=0$$

となる．関係式 $tu^2+t^4=1$ から $a\neq0$ であり，w は局所パラメーターにな
っている．

　$du=dw$ であるから，C_1 の点については，(du) における係数は 0 であ
る．

　点 $(0,0,1)$ に対しては，(1)で述べた $\mathrm{P}_x,\mathrm{P}_y$ に相当する 2 点がある．P_x

は，$(0,0,1)$ に近づくときに，$|x|$ に比べて $|y|$ の方が速く 0 に近づき，$y/x \to 0$．したがって，関数 $t^* = y/x \, (= t^{-1})$ を考える必要がある．この点 $(0,0,1)$ は固有平面 $z \neq 0$ にあるから，$v^* = x/z = tu^{-1}$，$u^* = y/z = u^{-1}$ はもともと正則な関数であった．$t^* v^* = u^*$ であるので，P_x の近くでは，t^* と v^* との関係が曲線の状態を示すのである．関係式 $tu^2 + t^4 = 1$ を書き直せば

$$t^{*4} v^{*2} = t^* + v^{*2} \quad \cdots\cdots ②$$

となり，v^* は局所パラメーターである．$dv^*/du = u^{-1} dt/du + t(du^{-1}/du)$ であるから ① を利用して $dv^*/du = u^{-1}(-2tu/(4t^3 + u^2)) - tu^{-2} = tu^{-2}(2u^2 - 4t^3 - u^2)/(4t^3 + u^2) = -(4t^4 - tu^2)/(4t^3 u^2 + u^4) = (5tu^2 - 4)/(4t^3 u^2 + u^4)$．これを t^*，v^* の式にあらため，②を利用して整理しよう．$t = t^{*-1}$，$u = (t^* v^*)^{-1}$ であるから，$(5t^{*-1}(t^* v^*)^{-2} - 4)/(4t^{*-3}(t^* v^*)^{-2} + (t^* v^*)^{-4}) = (5t^{*2} v^{*2} - 4t^{*5} v^{*4})/(4v^{*2} + t^*) = t^{*2} v^{*2}(5 - 4t^{*3} v^{*2})/(3v^{*2} + t^{*4} v^{*2}) = t^{*2}(5 - 4t^{*3} v^{*2})/(3 + t^{*4})$．ゆえに，$du = h dv^*$ となる関数 h の P_x における零点または極の位数は t^{*2} の場合と同じである．したがって，(du) における P_x の係数は 4 である．

　P_y については，$x/y \to 0$ であるので，x/y を考える必要があり，$t = x/y$，$u^* = y/z = u^{-1}$ が上の t^*, u^* のような役割をする．関係式 $tu^2 + t^4 = 1$ を書き直せば $t + t^4 u^{*2} = u^{*2}$ であるから u^* は局所パラメーターであり，$du^*/du = d(u^{-1})/du = -u^{-2}$．ゆえに $du^* = -u^{*2} du$，$du = -u^{*-2} du^*$ となり，(du) における P_y の係数は -2 である．

　このようにして，標準因子 (du) は，$4P_x - 2P_y$ である．

　ついでに，この曲線における関数 $t \, (=x/y)$ の因子 (t) を計算しよう．固有平面 $z \neq 0$ にある部分の方程式は $(x/z)(y/z) + (x/z)^4 = (y/z)^4$ であるから $x/z = 0$ となる点は $(0,0,1)$ だけであって，$y/z = 0$ となるのも同様である．したがって，$(t) = aP_x + bP_y$ の形である．a, b を求めるには，t と P_x, P_y における局所パラメーター v^*，u^* との関係を調べればよい．u^*，v^* については，それぞれ，$t^{*4} v^{*2} = t^* + v^{*2} \, (t^* = t^{-1})$，$t + t^4 u^{*2} = u^{*2}$ という関係があるから，t は P_x において位数 2 の極を持ち，P_y において

位数 2 の零点を持つ. ゆえに $(t)=2P_y-2P_x$ である.

注意 $(tdu)=2P_x$ であるから, $2P_x$ も標準因子である. このことは, (1)ですでに示した.

10.2. 線型系が定める曲線への対応

曲線 C の非特異モデル C^* の上の線型系 L は関数 $f_1, \cdots, f_r$ による $M=f_1C+\cdots+f_rC=\{a_1f_1+\cdots+a_rf_r \mid a_i\in C\}$ と, ある因子 D によって, $L=\{(g)+D \mid 0\neq g\in M\}$ として得られるが, これは §7.1〜§7.3 で扱った, 関数が定める曲線について, 一つの見方を与えるものである.

すなわち, C の一般の点 P に対し, $r-1$ 次元射影空間 P^{r-1} の点 $(f_1(P), \cdots, f_r(P))$ を対応させるのであるが, $f_1(P)=\cdots=f_r(P)=0$ であるような点 P については, 点 Q が P に近づくときに, Q に対応する点の近づく極限(複数個あり得る) を対応させることによって, 新しい曲線が得られるのである. L を定める M と D は一意的ではないが, D を他の因子 D' に変えようとすると, D' は, $D'+(h)$ の形の因子で L に属するものがあるので, D' は D と線型同値, すなわち, $D'=(k)+D$ となる関数 k が存在するので, M は $k^{-1}M=\{k^{-1}g \mid g\in M\}$ に変えることになる. このように変えても $f_1(P):\cdots:f_r(P)$ は変化しない. 他に変化する可能性としては, M を生成する関数 $f_1, \cdots, f_r$ の選び方によるものである. それについては, $f_1, \cdots, f_r$ が一次従属, すなわち, $(a_1, \cdots, a_r)\neq(0, \cdots, 0)$ で $a_1f_1+\cdots+a_rf_r=0$ となる a_i がある場合は, 対応する曲線が, それら a_i を係数に持つ一次式 $a_1x_0+\cdots+a_rx_{r-1}=0$ が定める超平面に含まれてしまうので, $f_1, \cdots, f_r$ が一次独立な場合に帰着される. その場合, 他の生成元を選ぶことは, 座標変換に相当するので, 議論する目的にとって, 便利な生成元があれば, それを選べばよいのである.

以下, この節では, 次元 $r>1$ の線型系 L が $M=f_1C+\cdots+f_rC$ と因子 D によって, $L=\{(g)+D \mid 0\neq g\in M\}$ によって定められているものとして, P→$(f_1(P), \cdots, f_r(P))$ を基本にして定まる対応を ϕ, また, この対応で得ら

れる P^{r-1} 内の曲線を $\phi(C)$ で表そう. 同様なことは非特異モデル C^* から
の対応にも適用できる. ϕ^* で表そう.

ϕ, ϕ^* を考えるにあたっては, L には固定点(すなわち, L に属する因子
すべてにPが成分として現れる; §9.3 にある定義参照)がない場合に帰着
させることができることに注意しておく. すなわち, C^* の点Pが L の固定
点であれば, $L'=\{D'-P \mid D'\in L\}$ は同じ M と因子 $D-P$ とで定まるから,
L の固定点は順次省いて, 同じ M が定める, 固定点のない線型系が得られ
るからである.

定理10.2.1. (1) Pが C の単純点ならば, $\phi(P)$ は一意的に定まる. とく
に, C^* の点Qについては, $\phi^*(Q)$ は一意的に定まる. (すなわち, Pが単
純点ならば, $f_1(P)=\cdots=f_r(P)=0$ であっても, 比 $f_1:\cdots:f_r$ を変えないで
関数を取り替えればよく, 極限は考えなくてもよい.)

(2) P, Qが C の単純点のとき, L に属する因子 D'' で, P は成分で, Q
は成分でないものがあれば, $\phi(P)\neq\phi(Q)$ である.

証明 L には固定点がないとしてよい.

(1): L に属するある因子 D_1 がP を成分に持たない. $D_1=(g)+D$, $0\neq g$
$\in M$ となる関数 g がある. D を D_1 に変えて, M を $g^{-1}M$ に変えてもよい
のは上で議論したところである. すると, $1\in M$ という状態になる. 各 (f_i)
$+D_1$ は L に属するので, 負の係数を持つ成分はない. とくに, P の係数は
負ではない. D_1 にはP は現れないから, (f_i) にP が負の係数で現れること
はない. すなわち, 各 f_i はP を極に持つことはない, 言い換えれば, 各 f_i
はP で正則である(定理9.1.2). また, $1\in M$ であるので, $f_1(P)=\cdots=f_r(P)$
$=0$ ではないから, $\phi(P)=(f_1(P),\cdots,f_r(P))$ は確定する.

(2): $1\in M$ としてよい. $D''=(h)+D$, $0\neq h\in M$ となる h があり, $h=c_1f_1$
$+\cdots+c_rf_r$ となる複素数 c_i がある. 仮定により $h(P)=0$, $h(Q)\neq 0$ である
から$(f_1(P),\cdots,f_r(P))\neq(f_1(Q),\cdots,f_r(Q))$. (証明終わり)

$L_1=\{(f)+D_1 \mid 0\neq f\in M_1\}$, $L_2=\{(g)+D_2 \mid 0\neq g\in M_2\}$ が $M_1=f_1C+\cdots$
$+f_rC$, $M_2=g_1C+\cdots+g_sC$ および, 因子 D_1, D_2 で定義された C^* の上の
線型系であるとき, 次の線型系

$L^*=\{(h)+D_1+D_2 \mid 0 \neq h \in M^*\}$,　　ただし，$M^*=\sum_{i=1}^{r}\sum_{j=1}^{s} f_i g_j \boldsymbol{C}$

を，L_1 と L_2 の**極小和**という．$\{D'+D'' \mid D' \in L_1,\ D'' \in L_2\}$ は線型系であるとは限らないが：

定理10.2.2.　この極小和は $\{D'+D'' \mid D' \in L_1,\ D'' \in L_2\}$ を含む最小の線型系である．

証明　まず，$f \in M_1$, $g \in M_2$ ならば $fg \in M^*$ であることに注意しよう．$D' \in L_1$, $D'' \in L_2$ ならば，$D'=(f)+D_1$, $D''=(g)+D_2$ ($f \in M_1,\ g \in M_2$) であるから，$D'+D''=(fg)+D_1+D_2 \in L^*$. ゆえに，$L^* \supseteq \{D'+D'' \mid D' \in L_1,\ D'' \in L_2\}$. 逆に，$\{D'+\mathrm{D}'' \mid D' \in L_1,\ D'' \in L_2\}$ を含む線型系 $L^{\sharp}=\{(k)+D^{\sharp} \mid 0 \neq k \in M^{\sharp}\}$ があれば，$L^{\sharp} \supseteq D_A'+D_A''$ ($D_A' \in L_1$, $D_A'' \in L_2$) であるので，$D^{\sharp}$ は $D_A'+D_A''$ に置き換えてもよい．$D_A'=(f^*)+D_1$, $D_A''=(g^*)+D_2$ とすると，$L_1=\{(f)+D_A' \mid 0 \neq f \in f^{*-1}M_1\}$, $L_2=\{(g)+D_A'' \mid 0 \neq g \in g^{*-1}M_2\}$ で，$D_i'=(f_i)+D_1=(f_i f^{*-1})+D_A'$, $D_j''=(g_j)+D_2=(g_j g^{*-1})+D_A''$ とすれば，$D_i'+D_j'' \in L^{\sharp}$ であり，$D_i'+D_j''=(f_i f^{*-1} g_j g^{*-1})+D_A'+D_A''=(f_i f^{*-1}g_j g^{*-1})+D^{\sharp}$ であるので，$f_i f^{*-1}g_j g^{*-1} \in M^{\sharp}$, したがって，$f^{*-1}g^{*-1}M^* \subseteq M^{\sharp}$ であり，L_1 と L_2 の極小和は $L^{\sharp}$ に含まれる．(証明終わり)

極小和を使って，前節の例3の曲線 $C: xyz^2+x^4-y^4=0$ の非特異モデルを作ってみよう．

例3での記号は同じ意味で使う．C から点 $(0,0,1)$ を除いたアフィン曲線 C_1 の座標環は $\boldsymbol{C}[t,u]$ で，関係式は $tu^2+t^4=1$ である．($t^{-1} \in \boldsymbol{C}[t,u]=\boldsymbol{C}[y/x,\ z/x]=\boldsymbol{C}[t^*,\ v^{*-1}]$ でもある．)

線型系 $S=|2\mathrm{P}_x|=\{(f)+2\mathrm{P}_x \mid 0 \neq f \in \boldsymbol{C}+t\boldsymbol{C}\}$ と $L=\{(g)+3\mathrm{P}_x+\mathrm{P}_y \mid 0 \neq g \in \boldsymbol{C}+t\boldsymbol{C}+u\boldsymbol{C}\}$ との極小和を L^* としよう．$L^*=\{(h)+5\mathrm{P}_x+\mathrm{P}_y \mid 0 \neq h \in \boldsymbol{C}+t\boldsymbol{C}+u\boldsymbol{C}+t^2\boldsymbol{C}+tu\boldsymbol{C}\}$ であるから，C の各点Pに対し，4次元射影空間 $\boldsymbol{P}^4$ の点 $(1,t(\mathrm{P}),u(\mathrm{P}),t^2(\mathrm{P}),t(\mathrm{P})u(\mathrm{P}))$，または，そのような対応点の極限を考えることになる．$\phi(C_1)$ の座標環は $\boldsymbol{C}[t,u,t^2,tu]=\boldsymbol{C}[t,u]$ であるから，C_1 と $\phi(C_1)$ は多様体として同じであり，特異点はない．したがって，P_x, P_y がうまく作れていればよいのである．$\phi(C)$ の第

5 座標 $\neq 0$ の部分のアフィン曲線の座標環は $C[t^{-1}u^{-1},\ t^{-1},\ tu^{-1}]=$ $C[t^{-1},\ tu^{-1}]=C[t^*,\ v^*]$ で，t^* と v^* の関係式は $t^{*4}v^{*2}-t^*+v^{*2}$ であるから，$t^*=v^*=0$ である点 P_x は単純点である．$\phi(C)$ の第 3 座標 $\neq 0$ の部分のアフィン曲線の座標環は $C[u^{-1},\ tu^{-1},\ t^2u^{-1},\ t]=C[t,\ u^*]$ で，t と u^* の関係式は $t+t^4u^{*2}=u^{*2}$ であるから，$t=u^*=0$ である点 P_y は単純点である．したがって，$\phi(C)$ は C の非特異モデルである．

　説明を付け加えよう．L は C と直線との交わりとして得られる因子からなる線型系であり，L^* の作り方から，$\phi(P)$ で正則な関数の集合が，P で正則な関数の集合を含んでいるようになっているのである．C_1 の各点は単純点なので，正則な関数は増加しえないので，多様体として同じ状態が得られる．S を付け加えて L^* ができたことから，$(0,0,1)$ に対応する P_x または P_y においては，もとの点 $(0,0,1)$ で正則な関数の他に，t^{-1} または t を，それぞれ，正則な関数の仲間に入れることができたのである．

第 11 章

代数曲面

　今までは代数曲線について考えてきた．射影平面の中にある代数曲線であっても，実数の座標で考えれば 4 次元空間の中にある，2 次元の広がりを持つ対象なので，簡単に視覚でとらえることはできないものであった．射影平面そのものは代数曲面の一つであるが，それ以外の代数曲面は，3 次元以上の射影空間に入っている対象であるので，なおさら視覚でとらえ

るのは無理である．そこで，頭の中では，実3次元射影空間内の図形，あるいは，実3次元アフィン空間内の曲面を描くことにして，直感的イメージを養いながら，代数曲面を理解するようにされたい．

11.1. 3次元空間内の代数曲面

3次元射影空間 $\mathbf{P}^3$ の斉次座標系を (w, x, y, z) とする．w, x, y, z についての d 次斉次式 $f(w, x, y, z)$ によって，$V(f)=\{\mathrm{P}\in\mathbf{P}^3 \mid f(\mathrm{P})=0\}$ の形で得られる集合 $V(f)$ が d 次の**射影曲面**（または，略して**曲面**）である．f はこの曲面の**定義式**，または，$f=0$ は**定義方程式**であるともいう．曲面 $F: f(w, x, y, z)=0$ という表し方をすることもある．定義式 $f(w, x, y, z)$ が複素数係数の範囲で既約（すなわち，因数分解しない）とき，この曲面 $F: f=0$ は**既約**であるという．

曲線の場合と同様に，F 上の**関数**として扱うものは，w, x, y, z の斉次式 g, h で次数が等しいものの比 g/h で表される関数である．F の点Pにおいて $h(\mathrm{P})\neq 0$ であれば，g/h はPで**正則**である，または，Pで**定義される**という．これら関数全体では加減乗除の四則算法（もちろん，0 で割ることは考えない）はできるので，「体（たい）」という語をつけて，F の**関数体**という．

また，変数 w', x', y', z' が関係式 $f(w', x', y', z')=0$ で定義されているとき，これらの変数の整式の形で表されるもの全体 $\mathbf{C}[w', x', y', z']$ を F の**斉次座標環**というのも，曲線の場合と同様である．

例 1　曲面 $F: w^2+x^2=y^2+z^2$ は既約な2次曲面である．

証明　$w^2+x^2-y^2-z^2=(aw+bx+cy+dz)(Aw+Bx+Cy+Dz)$ と分解すれば，$aA=1$ から $a\neq 0$, $A=a^{-1}$；同様に，$b\neq 0$, $c\neq 0$, $d\neq 0$, $B=b^{-1}$, $C=-c^{-1}$, $D=-d^{-1}$ である．wx の係数を考えると $0=aB+bA=ab^{-1}+a^{-1}b$ であるから，$a^2+b^2=0$；同様に，wy の係数から $a^2+c^2=0$，xy の係数から $b^2+c^2=0$ が得られる．したがって，$2a^2=2a^2+b^2+c^2=(a^2+b^2)+(a^2+c^2)=0$ となり $a=0$．これは矛盾．（証明終わり）

問1　$x_1, \cdots, x_n$ についての複素数係数の斉次多項式 $f(x_1, \cdots, x_n)$ が，$x_1, \cdots, x_r$ についての斉次多項式 $g(x_1, \cdots, x_r)$ と，残りの変数 $x_{r+1}, \cdots, x_n$ についての斉次多項式 $h(x_{r+1}, \cdots, x_n)$ の和に表されて，$g(x_1, \cdots, x_r)$ が既約であれば，$f(x_1, \cdots, x_n)$ も既約であることを示せ．

問2　$x^2 - y^2 - z^2$ が既約であることを示し，問1の結果を利用して例1で証明した既約性を証明してみよ．

例2　曲面 $F : x^2 + 2xy + y^2 + 2xw + 2yw - 2zw - z^2 = 0$ は二つの平面の和集合である．

証明　$x^2 + 2xy + y^2 + 2xw + 2yw - 2zw - z^2 = (x+y+w)^2 - (z+w)^2 = (x+y+z+2w)(x+y-z)$ だから，F は2平面 $x+y+z+2w=0$，$x+y=z$ の和集合．（証明終わり）

　3次元射影空間内の曲面を考察するのに，ある平面を無限遠平面と考えた固有空間内の部分を調べることは，曲線の場合と同様に有効である．その場合は3次元アフィン空間 A^3 において，一つの方程式 $f(x, y, z)=0$ で定義される**アフィン曲面**になる．アフィン曲面 $F : f(x, y, z)=0$ の点 $P(a, b, c)$ について，f の偏導関数を用いて，単純点，特異点の定義が，曲線の場合と同様に定義される：$f_x(a, b, c)$, $f_y(a, b, c)$, $f_z(a, b, c)$ のうちに0でないものがあれば，P は**単純点**で，そうでないとき，**特異点**である．$x'=x-a$, $y'=y-b$, $z'=z-c$ とおいて，$f(x, y, z)$ を x', y', z' の多項式の形に表すと，$f(x, y, z)=f(a, b, c)+f_x(a, b, c)x'+f_y(a, b, c)y'+f_z(a, b, c)z'+(x', y', z'$ について2次以上の項の和) の形になる（§3.1参照）が，$f(a, b, c)=0$ であるので，この書き換えで $f(x, y, z)$ が x', y', z' の1次式から始まるかどうかが，単純点であるかどうかを決めるのである．さらに，この書き換えられた式に，x', y', z' についての m 次の0でない項があり，すべての項が m 次以上であるときに，P は F の **m重点** であるという．

　P が単純点である場合，平面
$$f_x(a, b, c)(x-a)+f_y(a, b, c)(y-b)+f_z(a, b, c)(z-c)=0$$
を，曲面 F の点 P における**接平面**という．

3次元射影空間内の曲面Fの点Pについては，Pを通らない平面を無限遠平面と考えた固有空間内にFを制限した曲面上でPが単純点であるか，特異点であるか，m重点であるかによって，**単純点**，**特異点**，m**重点**を定義する．射影平面上の曲線の場合と同様に，次の定理が成り立つ．

定理11.1.1. $\boldsymbol{P}^3$ における曲面 $F: f(w, x, y, z)=0$ と，$\boldsymbol{P}^3$ の点P(a, b, c, d) について，PがFの特異点であるための必要十分条件は

$$f_w(a, b, c, d)=f_x(a, b, c, d)=f_y(a, b, c, d)=f_z(a, b, c, d)=0$$

証明 まず，定理3.1.1 を4変数の場合に適用した，オイラーの公式は，$e=\deg f$ として

$$wf_w(w, x, y, z)+xf_x(w, x, y, z)+yf_y(w, x, y, z)+zf_z(w, x, y, z)$$
$$=ef(w, x, y, z) \cdots\cdots①$$

Pの座標のどれかが0でないのであるが，どれであるかは対称的であるから，$a\neq0$，したがって，$a=1$ とする．

(1) PがFの特異点であるとき：$g(x, y, z)=f(1, x, y, z)$ とおけば，Fの固有空間 $w\neq0$ にある部分は $g(x, y, z)=0$ で定義されるから，$g(b, c, d)=g_x(b, c, d)=g_y(b, c, d)=g_z(b, c, d)=0$.

他方，$g_x(x, y, z)=f_x(1, x, y, z)$, $g_y(x, y, z)=f_y(1, x, y, z)$, $g_z(x, y, z)=f_z(1, x, y, z)$ であるから，$f_x(1, b, c, d)=f_y(1, b, c, d)=f_z(1, b, c, d)=0$. また，①式に $w=a=1$, $x=b$, $y=c$, $z=d$ を代入して，$f_w(1, b, c, d)=0$ が得られる．

(2) 逆：①式に $w=a=1$, $x=b$, $y=c$, $z=d$ を代入して $f(a, b, c, d)=0$ が得られ，PはFの点である．$g_x(x, y, z)=f_x(1, x, y, z)$, $g_y(x, y, z)=f_y(1, x, y, z)$, $g_z(x, y, z)=f_z(1, x, y, z)$ から $g_x(b, c, d)=g_y(b, c, d)=g_z(b, c, d)=0$ が得られるから，Pは特異点である．（証明終わり）

問3 例1の曲面には特異点がなく，例2の特異点は成分になっている2平面の交わりの直線上の点であることを確かめよ．

11.2. 射影直線二つの直積

　一般に二つの集合 M, N が与えられたとき，その**直積**とは，新しい集合 $\{(m, n) \mid m \in M, n \in N\}$ を意味し，$M \times N$ で表す．$M \times N$ は，M の元と N の元の組全体であり，二つの組 (m, n) と (m', n') については，$(m, n) = (m', n') \iff m = m'$ かつ $n = n'$ と定めるのである．

　M, N がともにアフィン直線 A^1 であれば，$A^1 \times A^1 = \{(a, b) \mid a, b \in A^1\}$ は，自然にアフィン平面 A^2 であると考えられるが，射影直線 P^1 二つの直積は射影平面とは異なる．その簡単な理由は，射影平面では二つの曲線は，必ず共有点があるのに，$P^1 \times P^1$ には，P^1 の互いに異なる2点 P，Q を取れば，$P \times P^1 = \{(P, R) \mid R \in P^1\}$，$Q \times P^1 = \{(Q, R) \mid R \in P^1\}$ という，共有点のない曲線があるのである．座標で考えてみよう．射影直線の点は2個の座標を使う．$P(a, b)$ と $Q(c, d)$ の組には (a, b, c, d) という座標が適当と考えるのは誤りである．というのは，P, Q の座標は，0 でない数 t, u を使って，(ta, tb)，(uc, ud) でもよいから，単に座標を並べたのでは，(ta, tb, uc, ud) も (P, Q) の座標になってしまうからである．そこで，座標を単に並べるのでなく，組 (P, Q) に対して，3次元射影空間の点 (ac, ad, bc, bd) を対応させます．すると，P, Q の座標として (ta, tb)，(uc, ud) を採用しても，対応する点は，座標が tu 倍になるだけで，点としては同じです．逆に，$(a'c', a'd', b'c', b'd')$ が (ac, ad, bc, bd) と同じ P^3 の点を表したとすると，第1座標が0でないとき，$(1, d'/c', b'/a', b'd'/a'c') = (1, d/c, b/a, bd/ac)$ から $d'/c' = d/c$，$b'/a' = b/a$ がでて，点の組が同じであることがわかる．他の座標 $\neq 0$ のときも同様で，点の組を表す適当な座標である．

　この方法でえられた点 (ac, ad, bc, bd) 全体は，第2座標×第3座標＝ $adbc$ ＝第1座標×第4座標であるから，P^3 における曲面 $xy = zw$ に含まれている．逆に，点 (p, q, r, s) が曲面 $xy = zw$ 上にあれば，$p \neq 0$ の場合なら，$p = 1$ としてよく，$s = qr$ であり，2点 $(1, r)$，$(1, q)$ の組の座標と一致する．他の座標 $\neq 0$ の場合も同様であり，次のように理解する．

定理11.2.1. $P^1 \times P^1$ は3次元射影空間内の2次曲面 $xy = zw$ と，多様体として同じである．

注意 この曲面 $xy = zw$ は前節の例1の曲面 $w^2 + x^2 = y^2 + z^2$ を座標変換したものである．その理由は $w^2 + x^2 = y^2 + z^2$ から $(w - z)(w + z) = (y - x)(y + x)$ が得られるからである．

例題. 2次曲面 $xy = zw$ を上のようにして $P^1 \times P^1$ としたとき，2組の曲線の集まり $L_1 = \{P \times P^1 \mid P \in P^1\}$, $L_2 = \{P^1 \times P \mid P \in P^1\}$ に属する曲線を定める方程式を，P(a, b) のときに求めよ．

[解] P^1 の一般の点を (t, u) で表せば，$P \times P^1$ の一般の点は (at, au, bt, bu) であり，この点は $xy = zw$ 以外に，$bw = ay$, $bx = az$ をみたしている．そして，$bw = ay$, $bx = az$ をみたせば $xy = zw$ をみたすから，$P \times P^1$ は $bw = ay$, $bx = az$ で定義される曲線である．

$P^1 \times P$ の一般の点は (ta, tb, ua, ub) であるから，上と同様にして，$P^1 \times P$ は $bw = ax$, $by = az$ で定義される曲線である．

問 L_1 の互いに異なる曲線 $P \times P^1, Q \times P^1$ は共有点を持たないこと，および，L_1 に属する曲線 $P \times P^1$ と L_2 に属する曲線 $P^1 \times Q$ とは1点を共有することを，(1) $P^1 \times P^1$ の意味から確かめるとともに，(2) 上で得た方程式を用いて確かめよ．

上の例題の解からわかるように，$P \times P^1, P^1 \times Q$ は，すべて P^3 の中の直線である．さらに，$P^1 \times P^1$ のどの点も L_1 に属するただ1本の直線が通るので，L_1 に属する直線がきれいに並んで $P^1 \times P^1$ を描いている．L_2 に属する直線についても同様である．このように，ある曲面 F に対して直線の集まり L があり，F の各点 P について，P を通り L に属する直線は，必ずただ1本であるとき，F は L に属する直線を**母線**（ぼせん）とする**線織面**（せんしょくめん）であるという．

$P^1 \times P^1$ は母線を2組持つということで，線織面のうち特別なものである．線織面の例は多くあるが，P^3 の中にこだわらずに考えるならば，ある曲線 C を定めて，$C \times P^1$ を作れば，その例になる．C が平面曲線ならば，

C の点の座標は 3 個の数が並ぶ. (t, u, v) としよう. $\boldsymbol{P}^1$ の点の座標は 2 個の数が並ぶ. (p, q) としよう. すると $C \times \boldsymbol{P}^1$ の点の座標は (tp, tq, up, uq, vp, vq) と, 6 個の数が並ぶので, 5 次元射影空間の中で実現される.

問 $\mathrm{P}(a_0, \cdots, a_n)$ が $\boldsymbol{P}^n$ $(n>0)$ の点ならば, $\mathrm{P} \times \boldsymbol{P}^1 = \{(ta_0, \cdots, ta_n, ua_0, \cdots, ua_n) \mid (t, u) \in \boldsymbol{P}^1\}$ は $\boldsymbol{P}^{2n+1}$ 内の直線であることを確かめよ.

$\boldsymbol{P}^1 \times \boldsymbol{P}^1$ と $\boldsymbol{P}^2$ との関係を §7.1 での考えを曲面の場合に適用して調べよう. $\boldsymbol{P}^1$ の点は一つの座標 c で表し, c が複素数で, 点 $(c, 1)$ を表す場合と, c が ∞ で, 点 $(1, 0)$ を表す場合とがあることにする. $\boldsymbol{P}^1 \times \boldsymbol{P}^1$ の第 1 因子である $\boldsymbol{P}^1$ の座標関数を x(点 c で取る x の値が c), 第 2 因子である $\boldsymbol{P}^1$ の座標関数を y とすると, 関数 x は $0 \times \boldsymbol{P}^1$ で 0, $\infty \times \boldsymbol{P}^1$ で ∞ になる. 同様に, 関数 y は $\boldsymbol{P}^1 \times 0$ で 0, $\boldsymbol{P}^1 \times \infty$ で ∞ になる. $\boldsymbol{P}^1 \times \boldsymbol{P}^1$ の一般の点は $(1, y, x, xy)$ であるのに対して, $\boldsymbol{P}^2$ の一般な点は $(1, y, x)$ であるので, 普通の点では $\boldsymbol{P}^1 \times \boldsymbol{P}^1$ の点 (p, q, r, s) に対し $\boldsymbol{P}^2$ の点 (p, q, r) が対応するのであるが, 特別な範囲では, やや複雑に対応している.

(1) x, y がともに ∞ のときは, $\boldsymbol{P}^1 \times \boldsymbol{P}^1$ の点は $(0, 0, 0, 1)$ である. 対応する $\boldsymbol{P}^2$ の点は, $x : y$ の値に応じて異なる点になり, それら全体は, 第 1 座標 $= 0$ で定まる直線になる.

(2) x だけが ∞ のときは, $\boldsymbol{P}^1 \times \boldsymbol{P}^1$ の点は $(0, 0, 1, y)$ で, 対応する $\boldsymbol{P}^2$ の点は $(0, 0, 1)$ すなわち, $\boldsymbol{P}^2$ の点 $(0, 0, 1)$ に対し $\boldsymbol{P}^1 \times \boldsymbol{P}^1$ の直線 $\infty \times \boldsymbol{P}^1$ が対応している.

(3) y だけが ∞ のときは, (2)と同様に, $\boldsymbol{P}^2$ の点 $(0, 1, 0)$ に対し $\boldsymbol{P}^1 \times \boldsymbol{P}^1$ の直線 $\boldsymbol{P}^1 \times \infty$ が対応している.

以上をまとめると, $\boldsymbol{P}^1 \times \boldsymbol{P}^1$ から $\boldsymbol{P}^2$ へは, 1 点 $(0, 0, 0, 1)$ が直線に広がり, 2 直線 $\infty \times \boldsymbol{P}^1$, $\boldsymbol{P}^1 \times \infty$ がそれぞれ 1 点に縮まっているのである.

このように, 点が曲線に対応したり, 曲線が点に縮むということは, 曲面, あるいは, もっと高次元の場合には, 大いに起こり得ることである.

11.3. 線織面の他の例

　線織面の例は，高次元の射影空間の中で考えれば非常にたくさんある．たとえば，n 次元射影空間 P^n の中の曲線 C と射影直線 P^1 との直積 $C \times P^1$ は，$2n+1$ 次元射影空間の中にある線織面である（前節の問参照）．ここでは，そのような線織面とは異なる例を，曲線上の線型系を利用して新しい曲線を作った方法にならって，4次元射影空間の中にある線織面を構成しよう．

　射影平面 P^2 の直線全体が作る線型系は§4.3での扱いでは $\{C(f=0) \mid 0 \neq f \in xC + yC + zC\}$ と表されるのであるが，§9.3での扱いにならえば，直線 $z=0$ をDとし，関数 $t=x/z$, $u=y/z$ を使って，$L = \{(f)+D \mid 0 \neq f \in tC + uC + C\}$ と表すことができる．同様にして，もう一つの線型系 $S = \{(g)+D \mid 0 \neq g \in tC + uC\}$ を考え，L と S の極小和 $L^* = \{(h)+2D \mid 0 \neq h \in M\}$ ただし，$M = tC + uC + tuC + t^2C + u^2C$，を作る．この L^* による P^2 から P^4 の中への対応 ϕ を考えることにしよう．(1) 固有平面 $z \neq 0$ の点 $(a, b, 1)$ については，$(a, b) \neq (0, 0)$ であれば，対応する点 (a, b, ab, a^2, b^2) は確定する．$a \neq 0$ であれば，座標環が $C[u/t, u, t, u^2/t] = C[t, u/t]$ のアフィン曲面の点に対応するのであるから，正則な関数が増加することはなく，多様体としては，その点の近くは変化しない．$b \neq 0$ の場合も同様である．(2) 直線 $z=0$ の上の点 $(a, b, 0)$ について調べよう．$a \neq 0$ のときは，$a=1$ としてよい．関数 $t^{-1} = z/x$, $ut^{-1} = y/x$ がこの点で正則であるので，対応する点は，座標環が $C[t^{-1}, ut^{-2}, ut^{-1}, 1, u^2t^2] = C[t^{-1}, ut^{-1}] = C[z/x, y/x]$ であるようなアフィン曲面の点であるから，この点の近くも多様体として，もとの平面と同じである．$b \neq 0$ のときも同様である．(3) 残る点は $(0, 0, 1)$ だけである．$t \longrightarrow 0$, $u \longrightarrow 0$ のとき，t/u または u/t がどうなるかによって，対応する点が決まる．$t/u \longrightarrow c\,(\neq \infty)$ のとき：$t : u : tu : t^2 : u^2 = tu^{-1} : 1 : t : t^2u^{-1} : u$ で，右辺に現れた関数の値は，それぞれ，$c, 1, 0, 0, 0$ に近づくので，対応する点は座標環が $C[tu^{-1}, t, t^2u^{-1}, u] = C[tu^{-1}, u]$ であるようなアフィン曲面の点である．（tu^{-1} と u とは独立変

数であるから，このアフィン曲面はアフィン平面と多様体として同じであり，特異点はない.) そして，対応する点の座標は $(c, 1, 0, 0, 0)$ である. $t/u \longrightarrow \infty$ ならば $u/t \longrightarrow 0$ であり，$t : u : tu : t^2 : u^2 = 1 : u/t : u : t : u^2/t$ で，右辺の関数は $1, 0, 0, 0, 0$ に近づくので，対応する点は $(1, 0, 0, 0, 0)$ である. したがって，点 $(0, 0, 1)$ に対応する点全体は，第3座標以後がすべて 0 という条件で定まる直線である.

　次に，$(0, 0, 1)$ を通る直線 $L_{a,b} : ax + by = 0$ が何に対応するかを調べよう. $L_{a,b}$ の一般の点の座標は $(b, -a, d)$ である. $b = 0$ ならば，$L_{a,b}$ が直線という仮定から $a \neq 0$ である. $a = 0$ ならば，$b \neq 0$ である. そして，$a : b$ が決まっているのだから，d が動いて直線 $L_{a,b}$（のアフィン直線の部分）ができる. $d = 0$ の点をも除外して考えると，もとの点は $(d^{-1}b, -d^{-1}a, 1)$ であるから，t, u の値は $d^{-1}b, -d^{-1}a$ であって，対応する点は $(d^{-1}b, -d^{-1}a, -d^{-2}ab, d^{-2}b^2, d^{-2}a^2)$ で，$(bd, -ad, -ab, b^2, a^2)$ と同じ点である. $a \neq 0$ の場合は $((b/a)(d/a), -d/a, -b/a, (b/a)^2, 1)$ になるから，$\boldsymbol{P}^4$ の斉次座標系を $(x_1, x_2, x_3, x_4, x_5)$ とすれば，$ax_1 + bx_2 = 0, ax_3 + bx_5 = 0, a^2x_4 = b^2x_5$ で定義される直線 $L_{a,b}{}^*$ の大部分を占めることになる. $d \longrightarrow 0$，$d \longrightarrow \infty$ の場合も考慮に入れると，直線 $L_{a,b}$ は $L_{a,b}{}^*$ 全体に対応することがわかる. さて，異なる $L_{a,b}$ は点 $(0, 0, 1)$ だけを共有していた. $L_{a,b}$ の上を $(0, 0, 1)$ に近づくと，$t : u = b : -a$ であるから，上の(3)での考察で c の値は $L_{a,b}$ が異なれば異なる値になるので，異なる $L_{a,b}{}^*$ は共有点がないのである.

　このようにして，$L_{a,b}{}^*$（(a, b) は射影直線上を動く）を母線とする $\boldsymbol{P}^4$ の中にある線織面の例が得られた.

11.4. 錐面

　斉次座標系 (w, x, y, z) を持つ $\boldsymbol{P}^3$ において，x, y, z の d 次斉次式 $f(x, y, z)$（w は現れない）を定義式とする曲面 $F : f(x, y, z) = 0$ を考察しよう. 平面 $w = 0$ を無限遠平面 H としよう. F と H の交わりは，曲線 $C : f(x, y, z) = 0$ である. そして，点 $(0, a, b, c) \in C \Longleftrightarrow f(a, b, c) = 0$，$(a, b,$

$c) \neq (0, 0, 0)$ であるから，点 $(1, 0, 0, 0)$ と C の点 $(0, a, b, c)$ とを結ぶ直線 $L_{a,b,c} = \{(t, ua, ub, uc) \mid (t, u) \in \boldsymbol{P}^1\}$ は F に含まれる．したがって，F は C を底面とし $(1, 0, 0, 0)$ を頂点とする**錐面**であると考えられる．頂点と底面の点とを結ぶ直線は**母線**である．実数の座標を持つ点だけを考察の対象にすれば，錐面としての実感がもてるであろうから，その場合を想像して理解の一助とされたい．

定理11.4.1. 上の記号のもとで:

(1) 点 $(1, 0, 0, 0)$ は F の d 重点である．

(2) $(a, b, c) \neq (0, 0, 0)$，$p \in C$ のとき，

点 (p, a, b, c) が F の e 重点 $\Longleftrightarrow$ 点 $(0, a, b, c)$ が C の e 重点．

証明 (1)は定義による．(2): $a \neq 0$ としても一般性を失わないから，$a = 1$ と仮定する．F の上の関数 $t = y/x, u = z/x, v = w/x$ の間の関係は $f(1, t, u) = 0$ であり，v は独立変数である．重複度の定義は，$f(1, t, u)$ を $t' = t-b$，$u' = u-c$，$v' = v-p$ の式に書き換えたとき現れる項の次数の最低であるが，v が式に現れていなかったのであるから，重複度は点 (p, a, b, c) と C の点としての $(0, a, b, c)$ とは共通である．（証明終わり）

前節で平面とその1点に対して考えたことと似たことを，上の錐面とその頂点とに当てはめてみよう．利用する一つの線型系は $t^* = x/w, u^* = y/w, v^* = z/w$ と C とを用いた $L = \{(g) + C \mid 0 \neq g \in M\}$，ただし，$M = \boldsymbol{C} + t^*\boldsymbol{C} + u^*\boldsymbol{C} + v^*\boldsymbol{C}$，である．もう一つは，平面 $x = 0$ と F との交わりを D として，$S = \{(h) + D \mid 0 \neq h \in \boldsymbol{C} + t\boldsymbol{C} + u\boldsymbol{C}\}$ で，L と S の極小和 $L^* = \{(k) + H + D \mid 0 \neq k \in N\}$，ただし，$N = \boldsymbol{C} + t^*\boldsymbol{C} + u^*\boldsymbol{C} + v^*\boldsymbol{C} + t\boldsymbol{C} + tt^*\boldsymbol{C} + tu^*\boldsymbol{C} + tv^*\boldsymbol{C} + u\boldsymbol{C} + ut^*\boldsymbol{C} + uu^*\boldsymbol{C} + uv^*\boldsymbol{C}$，を適用する．したがって，$F$ から11次元射影空間 $\boldsymbol{P}^{11}$ の中の曲面への対応 ϕ を，一般的には，P $(\in F)$ に対し，座標の比が $1 : t^*(\mathrm{P}) : u^*(\mathrm{P}) : v^*(\mathrm{P}) : t(\mathrm{P}) : t(\mathrm{P})t^*(\mathrm{P}) : t(\mathrm{P})u^*(\mathrm{P}) : t(\mathrm{P})v^*(\mathrm{P}) : u(\mathrm{P}) : u(\mathrm{P})t^*(\mathrm{P}) : u(\mathrm{P})u^*(\mathrm{P}) : u(\mathrm{P})v^*(\mathrm{P})$ であるような点を対応させるのである．

(1) 無限遠平面 $H : w = 0$ 上において直線と C との交わり（重複度を込めて d 個の点）と，頂点とを結んだ母線（d 本）が作る曲線からなる線

型系が S であるから，P が頂点 $(1,0,0,0)$ 以外の点であれば，S に属する曲線で，P を通らない，すなわち，P を通る母線を成分に持たないものがある．したがって，適当な係数 c_1, c_2, c_3 を選んで $T = c_1 + c_2 t + c_3 u$ とおくと，$1/T$, t/T, u/T は P で正則である．T の P における値が有限であれば，1, t, u も P で正則であり，$T=1$ でよい．t/T の P における値が有限であれば，$T=t$ としてよく，u/T が P で有限な値を取れば，$T=u$ としてよい．すなわち，T は1, t, u のいずれかでよい．L は F と平面との交わりが作る線型系であるから，S について述べたのと同様な理由で，1, t^*, u^*, v^* のうちの適当なもの U を取れば，$1/U$, t^*/U, u^*/U, v^*/U は P で正則である．したがって，$1/TU$, t^*/TU, u^*/TU, v^*/TU, t/TU, tt^*/TU, tu^*/TU, tv^*/TU, u/TU, ut^*/TU, uu^*/TU, uv^*/TU が P で正則になるので，P の近くでは F と $\phi(F)$ とは多様体としては同じである．（F では，$U \neq 0$ のアフィン曲面の座標環が $\boldsymbol{C}[1/U, t^*/U, u^*/U, v^*/U]$, $\phi(F)$ で $TU \neq 0$ のアフィン曲面の座標環が $\boldsymbol{C}[1/TU, t^*/TU, u^*/TU, v^*/TU, t/TU, tt^*/TU, tu^*/TU, tv^*/TU, u/TU, ut^*/TU, uu^*/TU, uv^*/TU]$ で，これは P で正則な関数で生成されるから，$\phi(\mathrm{P})$ で正則な関数は P で正則な関数ばかりであるから．）

(2) 頂点 $(1,0,0,0)$ が何に対応するかを調べよう．t^*, u^*, v^* は頂点で値 0 を取る．頂点の近くの点 P が頂点へ近づくとき，$t \longrightarrow a$, $u \longrightarrow b$ のときは，$\phi(\mathrm{P})$ は $(1,0,0,0,a,0,0,0,b,0,0,0)$ に近づく．t, u については，$f(1, t, u) = 0$ という関係があるから，$(1, a, b)$ 全体は（a, b の一方または両方が ∞ のときも含めると）H 全体になる．したがって，この場合，頂点は H と同じような構造をした曲線に広げられるのである．

なお，F の母線は $\phi(F)$ に含まれる直線に対応していることは容易にわかる．

第 **12** 章

代数多様体の間の対応

　今まで，いくつかの代数曲線と少しの代数曲面について述べてきたが，その中で，ある程度強調したのは，関数体の役割が重要視されていることである．この最終章では，同じ関数体を持つ曲線・曲面などの間の点・曲線などの対応についての，基礎的事項を最初に述べる．その定義は，いろいろな次元の場合を含めて，まとめて定義される．そのために，曲線，曲

面と同様に，関数体を持つ「代数多様体」をあらためて定義するのは省略
して，曲線，曲面を含めて，関数体を持つ射影空間内の代数多様体を，**既
約な代数多様体**と呼ぶことにする．それが V で表されたとき，V の関数体
は $C(V)$ で表すことにする．

　その対応の考えを，主として，関数体が同一の曲面の場合に利用して，
「3次元射影空間内の3次曲面 F に特異点がないならば，F にはちょうど
27本の直線が載っている」という有名な話に関連することを述べ，それに
関連して，曲面上の2曲線の交点数に触れよう．

12.1. 二つの既約な代数多様体の間の対応

　既約な代数多様体 V, V' の関数体 $C(V)$, $C(V')$ は，V, V' に対して定
まるものであるから，単に関数体 $C(V)$, $C(V')$ と言っても，この二つの関
数体の間の関係は初めから定められているわけではない．言い換えれば，
これらをある大きい体の一部分であるように定める方法はたくさんある．

　たとえば，V, V' が共に射影直線 P^1 であるとき，V, V' の斉次座標 $(t,
u)$, (v, w) から得られる関数 $x = t/u$, $y = v/w$ によって $C(V) = C(x)$,
$C(V') = C(y)$ となるが，(1) x, y が独立変数であるようにして，大きい体
$C(x, y)$ を作れば，直積 $V \times V'$ の関数体になる．(2) 1変数 T の有理関数
体 $C(T)$ の2元 $f(T)$, $g(T)$ を，定数でないように選べば，$x = f(T)$, $y =
g(T)$ として，V, V' の関数体が $C(T)$ の部分体であると定めることもで
きる．その他，いろいろな決め方がある．

　既約な代数多様体 V, V' について，それらの関数体 $C(V)$, $C(V')$ の関
係を定めれば，それにしたがって，V, V' の点の間の対応，V, V' の上の
曲線の対応などが定まるので，その説明をする．

　今後複数の関数体を同時に扱う場合，それらは，すでに定まった方法で，
ある共通な関数体の部分体になっているものとする．

　既約な代数多様体 V, V' について，その上の点，曲線などの対応を決め
る基礎になるのは，後で述べる V, V' の結びであるが，その定義の前に，
多様体の点の局所環などの定義をする．

V の関数体が決まっているので，$\mathrm{P}\in V$ であれば，P で正則な関数（$\in$ $C(V)$）全体 A_{P} は確定している．この A_{P} を P の**局所環**（きょくしょかん）という．F からいくつかの曲線を除いた部分 U がアフィン空間内で，いくつかの方程式の共通解の集合としてのアフィン曲面と多様体として同じであるときには，U の点の局所環全部の共通部分がちょうど U のアフィン座標環になっていることが知られている．

注意 1 点 P の局所環 A_{P} においては，元 f について，f の逆元 f^{-1} が A_{P} の中にあるための必要十分条件は $f(\mathrm{P})\neq 0$ である．

さて，一般に，$C(V)$ を関数体に持ち，n 次元射影空間 $\boldsymbol{P}^n$ 内にある射影多様体は，次のようにして得られる：$C(V)$ の元 $f_0=1$, $f_1,\cdots,f_n$ を，これらで生成した体 $C(f_1, f_2,\cdots,f_n)$ が $C(V)$ と一致するように選ぶ．そして，V の点 P に対し，(1) $f_1,\cdots,f_n$ がすべて P で正則であれば，P には $\boldsymbol{P}^n$ の点 $(1, f_1(\mathrm{P}),\cdots,f_n(\mathrm{P}))$ を対応させ，(2) そうでない場合には，$f_1,\cdots,f_n$ がすべて正則であるような点 Q を考え，Q が P に近づくときの，Q に対応する点の極限を P に対応させる（このとき，近づき方が変われば異なる点に近づくことになって，P には多くの点が対応する可能性がある）という対応を考え，V の点に対応しうる点全部の集合 V^* が射影多様体になり，関数体は $C(V)$ と一致するのである．V^* の**斉次座標環**は，独立変数 t を用いて，$C[t, tf_1,\cdots, tf_n]$ として得られる．したがって，V^* は次のようなアフィン座標環を持つ，$n+1$ 個のアフィン多様体で覆われる：$R_i=C[f_0/f_i, f_1/f_i,\cdots, f_n/f_i]$ $(i=0,1,\cdots,n)$.

もう一つ定義を加えよう．二つの既約な射影多様体 V, V' について，V' の点 P' が V の点 P を**支配する**というのは，次の 2 条件がみたされるときにいう．(1) V の関数体 $C(V)$ が V' の関数体 $C(V')$ の部分体（同じでもよい）であって，(2) P' の局所環 $A'_{\mathrm{P}'}$ と P の局所環 A_{P} の間に次の関係がある：$A_{\mathrm{P}}\subseteq A'_{\mathrm{P}'}$ であって，A_{P} の元については，それが P' で値 0 を取ることと，それが P で値 0 を取ることとが同値である．

また，V' が V を**支配する**とは，V' の各点が V のある点を支配すると

きにいう.

　V_1, V_2 が, それぞれ $C[x_0, x_1, \cdots, x_m]$, $C[y_0, y_1, \cdots, y_n]$ を斉次座標環に持つ既約な射影多様体であるとき, その**結び** $J(V_1, V_2)$ は, $C[x_0y_0, x_0y_1, \cdots, x_0y_n, x_1y_0, \cdots, x_1y_n, \cdots, x_iy_j, \cdots, x_my_0, \cdots, x_my_n]$ を斉次座標環とする多様体と定義する. 直積の場合と同様に見えるが, これら斉次座標成分 x_iy_j, x_sy_t の比 $(x_iy_i)/(x_sy_t) = (x_i/x_s)(y_j/y_t)$ は, すでに定められた関数体の中で, $C(V_1)$, $C(V_2)$ で生成された体の元であるので, たとえば $C(V_1) \subseteq C(V_2)$ であれば, これらはすべて $C(V_2)$ の元であるのに, 直積の場合にはそうはなっていない点が異なる.

　注意2　結び $J(V_1, V_2)$ は直積 $V_1 \times V_2$ の部分多様体である. 逆に, $V_1 \times V_2$ に含まれる既約多様体 T で $T_1 = \{P \in V_1 \mid \exists Q \in V_2, (P, Q) \in T\}$, $T_2 = \{Q \in V_2 \mid \exists P \in V_1, (P, Q) \in T\}$ が, それぞれ, V_1, V_2 と一致するものを選べば, $C(V_1)$, $C(V_2)$ が $C(T)$ の部分体で, $J(V_1, V_2) = T$ であるように定めることができる.

　定理12.1.1.　上のように, V_1, V_2, $J(V_1, V_2)$ を定めると, $J(V_1, V_2)$ は V_1, V_2 を支配する.

　証明の要点　$J(V_1, V_2)$ の任意の点 P^* は適当に i, j を定めて得られる環 $C[x_0y_0/x_iy_j, x_0y_1/x_iy_j, \cdots, x_0y_n/x_iy_j, \cdots, x_my_n/x_iy_j]$ を座標環として持つアフィン多様体 V_{ij} 上にある. i, j が何であっても同様であるから $i = j = 0$ として, $P^* \in V_{00}$ としよう. V_{00} の座標環は $R_{00} = C[y_1/y_0, y_2/y_0, \cdots, y_n/y_0, x_1/x_0, x_1y_1/x_0y_0, \cdots, x_1y_n/x_0y_0, x_2/x_0, x_2y_1/x_0y_0, \cdots, x_2y_n/x_0y_0, \cdots, x_sy_t/x_0y_0, \cdots, x_my_n/x_0y_0] = C[y_1/y_0, y_2/y_0, \cdots, y_n/y_0, x_1/x_0, x_2/x_0, \cdots, x_m/x_0]$ であるから, この環は, V_1, V_2 を覆うアフィン多様体一つずつの座標環 $R_0 = C[x_1/x_0, x_2/x_0, \cdots, x_m/x_0]$, $R_0' = C[y_1/y_0, y_2/y_0, \cdots, y_n/y_0]$ を部分環として含んでいる. P^* における関数 x_i/x_0, y_j/y_0 の値が, それぞれ a_i, b_j ならば, R_{00} に属する関数で P^* における値が 0 であるもの全体は $M = \sum_{i=1}^{m}((x_i/x_0) - a_i)R_{00} + \sum_{j=1}^{n}((y_j/y_0) - b_j)R_{00}$ であり, P^* の局所環は $\{f/g \mid f \in M, g \in R_{00}, g \notin M\}$ と一致する. このことから, P^* は R_0 が定めるアフィン多様体の上で $x_1/x_0, x_2/x_0, \cdots, x_m/x_0$ の値が $a_1, a_2, \cdots, a_m$ である点を支配し, R_0' が

定めるアフィン多様体の上で $y_1/y_0, y_2/y_0, \cdots, y_n/y_0$ の値が $b_1, b_2, \cdots, b_n$ である点を支配する．（以上）

$J(V_1, V_2)$ を仲介役にして，V_1, V_2 の点の対応が次のように定義される：$P_1 (\in V_1), P_2 (\in V_2)$ が**対応**する $\Longleftrightarrow$ ある $P^* (\in J(V_1, V_2))$ が P_1, P_2 を支配する．

注意3　$J(V_1, V_2)$ の点 P^* に V_1 の点で P^* に支配される点を対応させる対応は写像である．$J(V_1, V_2) \longrightarrow V_2$ についても同様である．逆向きの対応は1対多であることがある．

注意4　$C(V_1) = C(V_2)$ である場合，この対応を V_1, V_2 の間の**双有理対応**という．この場合，$J(V_1, V_2)$ と V_1, V_2 との対応も双有理対応である．

次に，射影曲面 F^* が他の射影曲面 F を支配しているとき，F の曲線 C（いくつかの成分に別れていたり，ある成分が重複していてもよい）に対応する曲線の定義の基本について述べよう．

C の各点 P の近くにおいて，ある関数 f_P を用いて，C が $f_P = 0$（重複成分があれば，それに応ずる f_P の因子が，相当する重複度を f_P において持つ）である場合，P を支配する各点 P' において，同じ関数 f_P を使って，$f_P = 0$ で，P' の近くで定義される曲線を考え，P を C 上で動かし，可能な P' をすべて考えると，得られた曲線が F^* の曲線になるので，それを C に対応させるのである．（C の各点の近くで，いつも一つの関数 $=0$ の形で表される場合の定義である．その条件がみたされない場合の説明は省略する．）

12.2. 3次曲面

3次元射影空間において，d 次斉次式 $f(x, y, z, w) = 0$ で定義される曲面が d 次曲面である．次の定理は3次曲面についての有名な話であるが，厳密な証明はむつかしいので省略する．

定理12.2.1.　3次曲面 F に特異点がない場合，F には27本の直線が含まれていて，それより多くの直線は含まれていない．それら27本の直線を外した曲面は，射影平面から適当な15本の直線と6本の2次曲線を外した

アフィン曲面と，多様体として同じになる.

　したがって，F の関数体は 2 変数の有理関数体 $C(x, y)$ である.

　証明を省く代わりに，3 次曲面上の27本の直線と平面上の15本の直線および 6 本の 2 次曲線とに関わる話を，前節最後で述べた曲線の対応を利用して，説明しよう.

　射影平面 P^2 上に 6 点 $P_1, \cdots, P_6$ を，どの 3 点も同一直線上になく，また，この 6 点を通る 2 次曲線もないように選ぶ. これら 6 点を通る 3 次曲線全体 L は次元 4 の線型系である（定理4.3.3）. すなわち，4個の 3 次斉次式 $f_1(x, y, z), \cdots, f_4(x, y, z)$ があって，(1) $c_i \in C$, $\sum_{i=1}^{4} c_i f_i = 0$ ならば $c_i = 0$ $(i=1, \cdots, 4)$, (2) $(c_1, \cdots, c_4) \neq (0, \cdots, 0)$ であるような $c_i \in C$ による 3 次曲線 $\sum_{i=1}^{4} c_i f_i = 0$ 全体が L と一致する. この線型系を使って，P^2 の点Pに対し，$f_i(\mathrm{P}) \neq 0$ であるような i があれば P^3 の点 $(f_1(\mathrm{P}), f_2(\mathrm{P}), f_3(\mathrm{P}), f_4(\mathrm{P}))$ を対応させ，$f_i(\mathrm{P})=0$ $(i=1, \cdots, 4)$ である場合には，そうでない点QをPに近づけるとき，対応する点の極限として得られる点をすべてPに対応させると，3 次曲面が得られ，その上に27本の直線があるのであるが，それらを順次説明していこう.

　まず，新しい曲面 F の斉次座標環は $C[f_1, f_2, f_3, f_4]$ である. 証明は省くが，F は P^2 を支配している. そこで，線型系 L に属する曲線に対応する F の曲線について調べよう.

　この対応 $P^2 \longrightarrow F$ において，1対多になるのは $P_1, \cdots, P_6$ の 6 点だけであるので，射影平面上の曲線Cには，これら P_i 以外の部分に対応する点およびそれらの極限点で決まる曲線が定まる. それをCの**固有像**と呼ぶ.

　$C (\in L)$ が $P_1, \cdots, P_6$ を通っているので，その影響を調べよう. P_1 を通っていることは，P_1 を含むアフィン平面に P_1 の座標が $(0, 0)$ であるように座標を入れると，C の定義式は $ax + by + cx^2 + dxy + ey^2 + (3次斉次式)=0$ の形になる. P_1 へは L に属する曲線がいろいろな向きで近づくので，それに応じて x/y の極限値が変わり，$t = x/y$ は新しい曲面 F において，P_1 に対応する点を区別する関数になる. t の値が有限である範囲で考えると，$x = yt$ であるから，前節最後で述べた意味で，C に対応する F の曲線の，t の

値が有限であって P_1 に対応する点の近くでは,

$$(at+b)y+(ct^2+dt+e)y^2+(y^3\text{ で割り切れる式})=0$$

で定まる曲線である. P_1 が C の単純点であれば, F での $y=0$ すなわち, P_1 に対応する曲線 l_1 と C の固有像とを合わせたものになって, P_1 が C の二重点であれば, $a=b=0$ であるから, l_1 は 2 重に含まれる. t の値が有限でない点の近くでは, t の代わりに t^{-1} を考えると, x, y の役目が入れ替わって, $x=0$ が l_1 を決めるので, 上の結論は t の値が有限でない部分を含めて正しい. $P_i\,(i=2,\cdots,6)$ についても同様であり, 次のことが言える:

点 $P_i\,(i=1,2,\cdots,6)$ に対応する曲線を l_i とすると, L に属する曲線 C に対応する曲線は: (1) C が $P_i\,(i=1,\cdots,6)$ をすべて単純点として通る場合は $(C$ の固有像$)+\sum_{i=1}^{6}l_i$ (2) C がある P_j を 2 重点として通れば, $(C$ の固有像$)+(\sum_{i=1}^{6}l_i)+l_j$

注意 ある P_i, たとえば P_1 が C の 3 重点であれば, C は P_1 を通る 3 本の直線であり, 他の 5 点を通る条件をみたすことは不可能である. また, 2 個の P_i, たとえば, P_1 と P_2 が C の 2 重点であれば, P_1, P_2 を結ぶ直線 l^* は C の成分であり, $C=l^*+(P_1,\cdots,P_6$ を通る 2 次曲線$)$ となり, やはり不可能である.

F の斉次座標環が $\boldsymbol{C}[f_1,f_2,f_3,f_4]$ であるから, この F と 3 次元射影空間 $\boldsymbol{P}^3$ の平面との交わりは $c_1f_1+c_2f_2+c_3f_3+c_4f_4=0$ の形の式で定義される. それを $\boldsymbol{P}^2$ で考えると L に属する曲線全体である. しかし, $\boldsymbol{P}^3$ での座標は, $f_1:f_2:f_3:f_4$ で決まるので, 比を取る段階で, 全体に共通な $\sum_{i=1}^{6}l_i$ は打ち消し合うことになり,

定理12.2.2. F と平面との交わり全体は (1) L に属する曲線で $P_1,\cdots,$ P_6 をすべて単純点として通るものの固有像と, (2) L に属するその他の曲線 C について, その固有像に, C が 2 重点として通っている P_j に対応する l_j を加えたもの, 全体になる.

以上の基礎に立って, 説明を続行しよう.

新しい曲面の次数が 3 である理由: 定理12.2.2 により, L に属する 3 次曲線で, $P_1,\cdots,P_6$ を単純点として通るものの固有像は, F と $\boldsymbol{P}^3$ 内のあ

る平面との交わりである．そのようなもの二つの交わりは，もとの平面での交わり9点から6点 $P_1, \cdots, P_6$ を省いた3点に対応する点である（L に属する2曲線が P_i を通るときの向きが互いに異なるように選べば，新しい曲面では，それら2曲線の固有像は l_i 上では互いに異なる点を通る）ので，新しい曲面と2枚の平面との交わりが3点になる．すなわち，新しい曲面と平面との交わりは3次曲線である．したがって，新しい曲面は3次曲面である．

　F の上で直線になっているのは，次の3種類に分類される．（Ⅰ）$P_1, \cdots, P_6$ の各々は上で述べたように曲線 $l_1, \cdots, l_6$ に対応するが，それが実は直線になっている．（Ⅱ）$P_1, \cdots, P_6$ のうちの2点を通る直線の固有像も直線になっている．（Ⅲ）$P_1, \cdots, P_6$ のうちの5点を通る2次曲線の固有像も直線になっている．（Ⅰ）は6本，（Ⅱ）は15本，（Ⅲ）は6本で，合計27本です．

　なぜ，それらが新しい曲面上の直線であるかの説明をしよう．

　（Ⅰ）について：一般に，平面 d 次曲線 $f(x, y, z) = 0$ が1点 P を2重点として通る条件は $f_x(\mathrm{P}) = f_y(\mathrm{P}) = f_z(\mathrm{P}) = 0$ だから，f の係数についての3個の条件で表される．したがって，P_1 を2重点として通り，他の5点も通る条件は8個の条件になる．そのような曲線全体は L に含まれ，次元 $10 - 8 = 2$ の線型系になる．したがって，そのような曲線で互いに異なるもの二つ C, C' を選ぶことができる．C, C' は P_1 を2重点としていることから，C, C' に対応する「F と平面との交わり」は l_1 に C, C' の固有像を合わせたものになる．すなわち，それら二つの「平面との交わり」の交わりが l_1 になる．二つの平面との交わりの交わりだから直線である．他の l_i についても同様．

　（Ⅱ）について：P_1, P_2 を結ぶ直線 l については，他の4点を通る2次曲線全体 L^* は2次元の線型系だから，L^* に属する互いに異なるもの Q, Q' が選べる．$l + Q, l + Q'$ は L に属するから，それらは「F と平面との交わり」を決める．その二つの「平面との交わり」の交わりは l の固有像なので，l の固有像は直線である．他の2点を結ぶ直線についても同様．

(III)について: 5点 $P_1, \cdots, P_5$ を通る2次曲線 Q'' と P_6 を通る2本の直線 l_1, l_2 を考えると，$Q''+l_1$，$Q''+l_2$ はいずれも L に属する．したがって，これらに対応する「F と平面との交わり」の共通部分は Q'' の固有像であるから，Q'' の固有像は直線である．他の2点の組についても同様である．

12.3. 曲面上の2曲線の交点数

射影平面上の d 次曲線 C と e 次曲線 C' との交点の数は，接触の度合いに応じて重複度を考えて数えれば de であるというのがベズーの定理であった．これは，もっと一般化されて，線型系を定義すれば，後述の定理12.3.1 が成り立つことが知られている．

ある次元の射影空間内の曲面 F には特異点がないものとする．f が関数体 $C(F)$ の元で，0ではないものとする．$f = g/h$（g, h は F の斉次座標環の元で，同じ次数の斉次式）の形に表して，f の因子 (f) を（$g=0$ が定める曲線）$-$（$h=0$ が定める曲線）として定義する．それぞれを成分に分解すれば $(f) = c_1 D_1 + c_2 D_2 + \cdots + c_m D_m$, $c_i \in \mathbf{Z}$, D_i は既約曲線，の形に表される．一般に，F の上の因子というのは，F の上の既約な曲線 $D_1, \cdots, D_s$ と有理整数 $n_1, \cdots, n_s$ とによって $n_1 D_1 + \cdots + n_s D_s$ の形に表されるもののことである．曲線の上の因子における「点」が「既約な曲線」に変わるのである．そして，曲線の場合と同様に，F の上の二つの因子 D, D' が線型同値であるとは，$D-D'$ がある関数 $f(\neq 0)$ の因子になっているときにいう．

$D = c_1 D_1 + c_2 D_2 + \cdots + c_r D_r$, $D' = c_1' D_1' + c_2' D_2' + \cdots + c_s' D_s'$ （$c_i, c_j' \in \mathbf{Z}, D_i, D_j'$ は既約曲線）が F の因子であって，$D_i \neq D_j'$（すべての i, j）であるとき，D, D' の交点数は，次のように定め，それを $(D \cdot D')$ で表す．まず各 D_i, D_j の交点数は，ベズーの定理のときのように，接触の度合いにしたがって交点の数を数え，それを $(D_i \cdot D_j)$ で表すことにして，D と D' の交点数 $(D \cdot D')$ は $\sum_{i,j} c_i c_j' (D_i \cdot D_j')$ と定める．上の線型同値の定義に基づいて，線型系の定義もできるが，それは省いて，次の定理に着目しよう．

定理12.3.1. 上の状況のもとで，D'' が F の上の因子で D と成分を共有せず，D' と D'' とが線型同値であるならば，$(D \cdot D') = (D \cdot D'')$ である．

　厳密な証明はむつかしいので省くが，線型同値なものは，連続的に一方から他方に変化させることができるのが，直感的な解釈といえるが，そのことの証明もむつかしい．

　上の定理を持ち出したのは，この定理を基礎にして，共通成分がある場合にも交点数が定義されているからである．すなわち，上の D, D' で，D_i $\neq D_j$ の条件のない場合，D' と線型同値な因子 D^* であって，D と成分を共有しないもの（D' に現れる係数 $c_j{}'$ がすべて正であっても，D^* には負の係数が必要になる場合もある：そのようなことを許容すれば，D^* は得られる）を選んで，D と D^* の**交点数**は $(D \cdot D^*)$ であると定める．

　普通の場合，この定義からビックリする現象は起きないが，特別な場合には少し奇妙なことがあり得る．それを，前節の3次曲面Fを利用して説明しよう．

　F と $\boldsymbol{P}^3$ の平面との交わり全体を L^* で表そう．L^* に属する曲線は，(1) 3次曲面と平面との交わりであるから，平面上の3次曲線であって，(2) F の因子と見れば，互いに線型同値である．

　着目したいのは，F 上の直線である．27本のうちの任意の1本を l で表そう．そして，l と l 自身との交点数を調べよう．l を含む平面との交わりは $l+C$ と分解しているが，3次曲線であったから，C は2次曲線である．l を含まない平面 H' とFの交わりをHとしよう．$l+C$ とHとが線型同値であり，F が3次曲面であるから，$((l+C)\cdot(l+C))=((l+C)\cdot H)=3$ である．したがって，$(l\cdot H)+(C\cdot H)=3$ であるが，l は直線であり，H は H' とFの交わりであるから，l とHの交わりは，l と l を含まない平面 H' との交わりであって，$(l\cdot H)=1$ である．したがって（あるいはCが2次曲線であることと，C とHの交わりはC と H' との交わりであることから）$(C\cdot H)=2$ である．さて，$l+C$ がHと線型同値であるから，l は $H-C$ と線型同値である．ゆえに，$(l\cdot l)=(l\cdot H)-(l\cdot C)=1-2=-1$ という結果が得られる．まとめると：

　定理12.3.2.　前節の3次曲線F上の任意の直線 l について，交点数 $(l\cdot l)$ は -1 である．

注意1 射影空間内の曲面 F の上に曲線 C があって，(1) C 自身は多様体として直線と同じであり，(2) 交点数 $(C \cdot C)$ が -1 であれば，F に支配される曲面 F^* であって，次の性質を持つものがあることが知られている．C は F^* の1点 P に対応し，F から C を除いた多様体は，F^* から P を除いたものと多様体として同じになる．

注意2 任意の自然数 n に対し，適当な曲面を選べば，その上の曲線 C で，交点数 $(C \cdot C)$ が $-n$ であるようにできることが知られている．

問の略解

第1章

1.1. 問 (1) 座標系 $(\mathrm{O}, \vec{p}, \vec{q})$ での座標が (c, d) である点 Q は $\overrightarrow{\mathrm{OQ}}$ $= c\vec{p} + d\vec{q}$ で特微づけられ, $\overrightarrow{\mathrm{OO'}} = a\vec{p} + b\vec{q}$ であるから, $\overrightarrow{\mathrm{O'Q}} = \overrightarrow{\mathrm{OQ}}$ $- \overrightarrow{\mathrm{OO'}} = (c-a)\vec{p} + (d-b)\vec{q}$ となる. したがって座標系 $(\mathrm{O'}, \vec{p}, \vec{q})$ での Q の座標は $(c-a, d-b)$ である. したがって, 座標系 $(\mathrm{O}, \vec{p}, \vec{q})$ での条件 $f(x, y) = 0$ と, 座標系 $(\mathrm{O'}, \vec{p}, \vec{q})$ における条件 $f(x-a, y-b)$ とは同じである.

(2) $x = c^{-1}(x' - dy - e)$ であるから, もとの座標での条件 $f(x, y) = 0$ と, (x', y) を座標としたときの条件 $f(c^{-1}(x' - dy - e), y) = 0$ とは同値である.

1.2. 問. $\sqrt{(a_1 - c_1)^2 + (a_2 - c_2)^2 + (b_1 - d_1)^2 + (b_2 - d_2)^2}$

第2章

2.2. 問 (1) 定理2.2.2 の証明 まず, (射影平面導入のための) 3次元アフィン空間の座標系 $(\mathrm{O}, \vec{p}, \vec{q}, \vec{r})$ によって定まる射影平面の座標と座標系 $(\mathrm{O}, \vec{p'}, \vec{q'}, \vec{r'})$ によって定まる座標とを比べよう. $\vec{p'} = a\vec{p} + b\vec{q} + c\vec{r}$, $\vec{q'} = d\vec{p} + e\vec{q} + f\vec{r}$, $\vec{r'} = g\vec{p} + h\vec{q} + k\vec{r}$ と表されるので, 行列 $B = \begin{pmatrix} a & b & c \\ d & e & f \\ g & h & k \end{pmatrix}$ を用いて $\begin{pmatrix} \vec{p'} \\ \vec{q'} \\ \vec{r'} \end{pmatrix} = B \begin{pmatrix} \vec{p} \\ \vec{q} \\ \vec{r} \end{pmatrix}$ が得られる. 同様に, $\vec{p}, \vec{q}, \vec{r}$ を $\vec{p'}, \vec{q'}, \vec{r'}$ で表して, $\begin{pmatrix} \vec{p} \\ \vec{q} \\ \vec{r} \end{pmatrix} = A \begin{pmatrix} \vec{p'} \\ \vec{q'} \\ \vec{r'} \end{pmatrix}$ となる3次の行列 A がある.

$\begin{pmatrix} \vec{p'} \\ \vec{q'} \\ \vec{r'} \end{pmatrix}$ に上の式を代入して $\begin{pmatrix} \vec{p} \\ \vec{q} \\ \vec{r} \end{pmatrix} = AB\begin{pmatrix} \vec{p} \\ \vec{q} \\ \vec{r} \end{pmatrix}$ が得られるので AB は

単位行列であって，B は A の逆行列 A^{-1} である．この状況のもとで，1 点 P の座標を考えると，

　座標系 $(O, \vec{p}, \vec{q}, \vec{r})$ での座標が $(x, y, z) \Longleftrightarrow$ 直線 $L = \{(tx, ty, tz) \mid t \in K\}$ が P に対応する $\Longleftrightarrow$ O と L の点を結ぶベクトルは $t(x\vec{p} + y\vec{q} + z\vec{r})$ すなわち $t(x\ y\ z)\begin{pmatrix} \vec{p} \\ \vec{q} \\ \vec{r} \end{pmatrix}$ $(t \in K)$ これを座標系 $(O, \vec{p'}, \vec{q'}, \vec{r'})$ で表

せば $t(x\ y\ z)A\begin{pmatrix} \vec{p'} \\ \vec{q'} \\ \vec{r'} \end{pmatrix}$ となるので P の $(O, \vec{p'}, \vec{q'}, \vec{r'})$ による座標は

$(x\ y\ z)A$ で得られる．

　後半：3 次の行列 A が逆行列をもてば，最初の座標系を定める $(O, \vec{p}, \vec{q}, \vec{r})$ に対し，上の関係をみたすベクトル $\vec{p'}, \vec{q'}, \vec{r'}$ が得られ，A が逆行列をもつことから，$(O, \vec{p'}, \vec{q'}, \vec{r'})$ は座標系を定めるので，そのような座標変換がある．

　定理 2.3.3 の証明　L の方程式が $ax + by + cz = 0$ $((a, b, c) \neq (0, 0, 0))$ であるとする．$a = b = 0$ ならば，座標変換をしなくてもよい．a, b は対称

的だから，$a \neq 0$ としよう．3 次の行列 $A = \begin{pmatrix} b & -a & 0 \\ c & 0 & -a \\ a^{-1} & 0 & 0 \end{pmatrix}$ を考える．

$\det A = a \neq 0$ であるから，A は逆行列をもつ．$\begin{pmatrix} b & -a & 0 \\ c & 0 & -a \\ a^{-1} & 0 & 0 \end{pmatrix}\begin{pmatrix} a \\ b \\ c \end{pmatrix} =$

$\begin{pmatrix} 0 \\ 0 \\ 1 \end{pmatrix}$ である．L の方程式は $(x\ y\ z)\begin{pmatrix} a \\ b \\ c \end{pmatrix} = 0$ であるから，$(x\ y\ z)A\begin{pmatrix} 0 \\ 0 \\ 1 \end{pmatrix} =$

0 と変形され，A による座標変換で L は直線 $z = 0$ になる．

2.3. 🔘 **問** 定理2.3.1 は複素射影平面にも適用できる．定理2.3.1 における(2)は，複素数を用いれば，$(iz)^2 = -z^2$ であるから(1)と同じになる．(3)は，$x^2 + y^2$ は複素数の範囲では $(x+iy)(x-iy)$ と分解するので，(5)と同じになる．したがって，この問の(1)，(2)，(3)のどれかになる．

第 3 章

3.1. **問1** 単項式のときにたしかめればよい．$f = x^r y^s z^t$ であれば，

$$f = (x'+a)^r(y'+b)^s(z'+c)^t = (a^r + ra^{r-1}x' + \cdots)(b^s + sb^{s-1}y' + \cdots)(c^t + tc^{t-1}z' + \cdots)$$ であるから，x', y', z' についての１次の部分は

$$ra^{r-1}x'b^s c^t + a^r sb^{s-1}y'c^t + a^r b^s tc^{t-1}z'$$

すなわち，$f_x(a,b,c)x' + f_y(a,b,c)y' + f_z(a,b,c)z'$ である．

問2 $f(x,y) = \sum_{j,k} c_{jk}(x-a)^j(y-b)^k$ であるとき，$f(x,y)$ を x について j 回，y について k 回微分したものは，各項 $c_{st}(x-a)^s(y-b)^t$ を，そのように微分したものの和である．$c_{st}(x-a)^s(y-b)^t$ を微分した結果は (1) $s<j$ または $t<k$ ならば 0 になり，(2) $s \geq j$，$t \geq k$ のときは，

$$s(s-1)\cdots(s-j+1)t(t-1)\cdots(t-k+1)(x-a)^{s-j}(y-b)^{t-k}$$

になる．したがって，とくに，$s=j, t=k$ のときは $(j!)(k!)c_{jk}$ になる．

この結果に $x=a, y=b$ を代入すれば，$s>j$ または $t>k$ である項は 0 になるので，$(j!)(k!)c_{jk}$ になる．

定理3.1.2 の高次の部分：$f(x'+a, y'+b) = \sum_{j,k} c_{jk}(x'+a)^j(y'+b)^k$ であるが，これを展開して $f(x'+a, y'+b) = \sum_{j,k} c'_{jk}x'^j y'^k$ となったとしよう．

$x' = x-a, y' = y-b$ であるから，x による偏微分と x' による偏微分とは同じで，また，y による偏微分と y' による偏微分とは同じであることに注意して，前半を $a=b=0$ の場合を適用すると $(j!)(k!)c'_{jk}$ は，$f(x,y)$ を，x について j 回，y について k 回微分して，$x'=y'=0$ を代入したものと等しくなる．$x'=y'=0$ を代入することは，$x=a, y=b$ を代入することと同じであるから，c'_{jk} は $f_{x\ldots xy\ldots y}(a,b)/(j!)(k!)$ である．ただし，こ

の式を得る偏微分の回数は x について j 回，y について k 回.

この $f_x \ldots xy \ldots y(u, b)$ を $f^{(j,k)}(a, b)$ で表せば，$f(x'+a, y'+b)$ を展開したときの x', y' について d 次の部分は次のようになる.

$$\sum_{j=0}^{d} ((d-j)!)^{-1}(j!)^{-1} f^{(d-j,j)}(a, b) x'^{d-j} y'^{j}$$

3.2. 問 例1，例2のグラフは次ページ.

例3に関するデータの一部は次の通り（$\pm x$ の値は小数点6位以下切り捨て）:

y	-0.02	-0.01	-0.001	0	0.001	0.005	0.01	0.015	0.02
$\pm x$	0.0198	0.00995	0.00099	0	0.00100	0.00501	0.01005	0.01511	0.02020
					0.03160	0.07053	0.09949	0.12153	0.13997

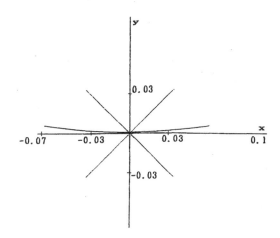

3.3. 問 (1) 直線 $x=0$; 接触の位数3．(2) 実アフィン平面の場合: 直線 $x=y$; 接触の位数4．複素アフィン平面の場合: 3直線 $x=y$; $x=\omega y$; $x=\omega^2 y$（ω は1の虚立方根の一つ）で，いずれも接触の位数4．(3) 2直線 $x=0$; $y=0$ いずれも接触の位数3．

例1   例2

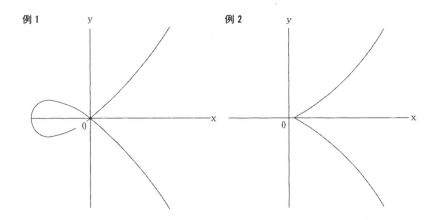

3.4. 問1 (1) $f_x(a, b, c)=f_y(a, b, c)=f_z(a, b, c)=0$ のときは定理 3.4.1 により, P は特異点. $f_x(a, b, c)=f_y(a, b, c)=f(a, b, c)=0$ のとき: 仮定により $c \neq 0$ であるから, オイラーの公式 $xf_x(x, y, z)+yf_y(x, y, z)+zf_z(x, y, z)=(\deg f(x, y, z))f(x, y, z)$ により, $f_z(a, b, c)=0$ が出て, この場合も正しい. $f_x(a, b, c)=f_z(a, b, c)=f(a, b, c)=0$ あるいは $f_y(a, b, c)=f_z(a, b, c)=f(a, b, c)=0$ の場合も同様である.

(2) 点 $(1, 1, 0)$ は直線 $z=0$ の単純点であり, $f(x, y, z)=z$ について, $f_x(x, y, z)=f_y(x, y, z)=0$, $f_z(x, y, z)=1$. したがって, $f_x(1, 1, 0)=f_y(1, 1, 0)=f(1, 1, 0)=0$ であるが, $(1, 1, 0)$ は特異点ではない.

問2 $f(x, y, z)=x^3+y^3+z^3$ について, $f_x(x, y, z)=3x^2$, $f_y(x, y, z)=3y^2$, $f_z(x, y, z)=3z^2$ である. C 上の任意の点 (a, b, c) を考えると, a, b, c のうちに 0 でないものがあるから, 上の三つの偏導関数の値がすべて 0 になることはない.

第4章

4.1. 問1 固有平面にある部分 $C: y^2=x^3$ と直線 $y=tx$ との交点を求めると, $t^2x^2=x^3$ から, $x=0$ または $x=t^2$ が得られるから, 交点は (t^2, t^3) または $(0, 0)$. $(0, 0)$ は (t^2, t^3) の $t=0$ の場合として得られるか

ら，C は (t^2, t^3) という媒介変数表示をもつ．なお，もとの曲線の点で無限遠直線上にある点は，$z=0$ から，$(0, 1, 0)$ であることがわかり，その点は，点 $(t^2, t^3, 1)$ すなわち，点 $(t^{-1}, 1, t^{-3})$ の $t \to \infty$ のときの極限であることもわかる．

問2 P, Q を結ぶ直線 L と C との交わりを考えると，P, Q が 2 重点であるから，P, Q での接触の位数は 2 以上である．したがって，L が C の成分でないとすると，重複度を考慮した交点の数が 4 以上になり，ベズーの定理に反する．ゆえに，L は C の成分である．

問3 (1) いろいろあり得るが，$f(x, y) = x^2 + y^2 + x^3 + y^3$ はその例である．(2) このような $f(x, y)$ によって定義される曲線 $C : f(x, y) = 0$ は 3 次曲線で，原点 $(0, 0)$ を 2 重点としているので，媒介変数 t による直線 $y = tx$ と C の交わりは $2(0, 0) + P_t$ の形になる．すなわち，P_t の座標が t を用いて表されることになり，それが媒介変数表示を与える．上の例では $(-(1+t^2)/(1+t^3), -t(1+t^2)/(1+t^3))$ である．

第5章

5.2. **問** 1 の虚立方根の一つを ω で表すと，この曲線の変曲点は次の 9 個である：

$$P_{11}(1, -1, 0), \quad P_{12}(1, -\omega, 0), \quad P_{13}(1, -\omega^2, 0)$$
$$P_{21}(1, 0, -1), \quad P_{22}(1, 0, -\omega), \quad P_{23}(1, 0, -\omega^2)$$
$$P_{31}(0, 1, -1), \quad P_{32}(0, 1, -\omega), \quad P_{33}(0, 1, -\omega^2)$$

これらについて，次の 3 点の組は，それぞれ括弧内の式で定義される直線上にある．したがって，これら 9 点のうちの 2 点を結ぶ直線と C との第 3 の交点もこれら変曲点のうちにある．

(1) P_{11}, P_{12}, P_{13} $(z=0)$；　　(2) P_{21}, P_{22}, P_{23} $(y=0)$；

(3) P_{31}, P_{32}, P_{33} $(x=0)$；　　(4) P_{11}, P_{21}, P_{31} $(x+y+z=0)$；

(5) P_{11}, P_{23}, P_{33} $(x+y+\omega z=0)$；　　(6) P_{11}, P_{22}, P_{32} $(x+y+\omega^2 z=0)$；

(7) P_{12}, P_{21}, P_{33} $(x+\omega^2 y+z=0)$；　　(8) P_{12}, P_{22}, P_{31} $(\omega x+y+z=0)$；

(9) $\mathrm{P}_{12}, \mathrm{P}_{23}, \mathrm{P}_{32}$ $(x+\omega^2 y+\omega z=0)$;　(10) $\mathrm{P}_{13}, \mathrm{P}_{21}, \mathrm{P}_{32}$ $(x+\omega y+z=0)$;

(11) $\mathrm{P}_{13}, \mathrm{P}_{22}, \mathrm{P}_{33}$ $(x+\omega y+\omega^2 z=0)$;　(12) $\mathrm{P}_{13}, \mathrm{P}_{23}, \mathrm{P}_{31}$ $(\omega^2 x+y+z=0)$.

第6章

6.1. 問 §4.1 の例1. 座標が媒介変数 t を用いて (t^2-1, t^3-t) で表されるのだから，関数体は $C(t^2-1, t^3-1)$ である．この関数体には $t=(t^3-t)/(t^2-1)$ が属していることと，t^2-1, t^3-t がいずれも t の多項式であるから，関数体は $C(t)$ と一致する．

例2. 同様にして関数体は $C(t^2, t^3)$ で，$t=t^3/t^2$ を利用して $C(t)$ と一致することがわかる．

直線 $ax+by=c$ の関数体．$a\neq 0$ のとき：座標 x, y が定める直線上の関数を t, u で表せば $t=-(b/a)u+(c/a)$ であるから，関数体は $C(t, u)=C(u)$ である．

第7章

7.3. 問1 いろいろあるが，項数の少ないものを選ぶと：曲線 $x^4+y^4+xz^3=0$；曲線 $xy^3+x^3y+z^4=0$ などがある．

問2 媒介変数表示が $(x, y)=(t^2, t^3)$ であったから，射影平面上の曲線 $C': y^2z=x^3$ の点 $(x, y, 1)$ に対して射影直線の点 $(y/x, 1)$ を対応させるのが良いと予想される．

アフィン平面 $z\neq 0$ での座標関数は $x/z, y/z$ であり，それらを C' に制限して得られる関数を $X/Z, Y/Z$ で表そう．$(Y/Z)^2=(X/Z)^3$ である．そして，C' の上の関数の組 $(Y/X, 1)=((Y/Z)/(X/Z), 1)$ を用いて新しい曲線を作り，そこへの対応を考えるのである．

C' の点 $\mathrm{P}(a, b, c)$ について，① $ac\neq 0$ ならば，P は射影直線の点 $(b/a, 1)$ に対応する．$ac=0$ の場合は，一般に点 $\mathrm{Q}=(t^2, t^3, 1)$ が P に近づくときの，対応する点 $(t, 1)$ の極限を調べよう．② $c=0$ ならば，関係式 $y^2z=x^3$ から $a=0$ であり，P の座標は $(0, 1, 0)$ で，一般の点 Q の座標は

$(t^{-1}, 1, t^{-3})$ でもあるので，Q が P に近づくのは $t \to \infty$ のときであり，Q に対応する点の座標は $(1, t^{-1})$ でもあるから，その極限は $(1, 0)$ である．すなわち，この場合 P には射影直線の点 $(1, 0)$ が対応する．③ $a=0, c \neq 0$ ならば，P の座標は $(0, 0, 1)$ であり，$t \to 0$ の場合になる．ゆえに，対応する点の極限は $(0, 1)$ であり，この場合 P には射影直線の点 $(0, 1)$ が対応する．

この対応で，C' の点と射影直線の点とは 1 対 1 対応するが，C' の点 $(0, 0, 1)$ は特異点であるから多様体としては同じではない．点 $(0, 0, 1)$ は C' と直線 $y=0$ とのただ一つの交点であるから，C' から点 $(0, 0, 1)$ を除いた曲線 C^* はアフィン平面 $y \neq 0$ にある C' の部分であって，そのアフィン座標環は $C[X/Y, Z/Y] = C[t^{-1}, t^{-3}] = C[t^{-1}]$ と一致し，C^* と射影直線から点 $(0, 1)$ を除いたアフィン直線とが多様体として同じになる．

第 8 章

8.1. 問 2 次曲線 $f(x, y, z)=0$ が 3 点 $(1, 0, 0)$, $(0, 1, 0)$, $(0, 0, 1)$ を通るための必要十分条件は $f(x, y, z) = axy + byz + czx$ $((a, b, c) \neq (0, 0, 0))$ である．たとえば $a=0$ であれば，その 2 次曲線は $z=0$ を成分にもつ．同様にして，直線を成分にもたない条件により，$abc \neq 0$. 逆に，$abc \neq 0$ ならば，2 次曲線 $axy + byz + czx = 0$ は上で知ったように，直線を成分にはもたなくて上記 3 点を通る．この曲線に対応する曲線は，$f(x^{-1}, y^{-1}, z^{-1}) = ax^{-1}y^{-1} + by^{-1}z^{-1} + cz^{-1}x^{-1}$ の分母を払って得られる式 $az + bx + cy$ を用いて $az + bx + cy = 0$. これは上記 3 点のどれをも通らない直線である．

第 9 章

9.3. 問 (1) L が C の上の関数 $f_1, \cdots, f_r$ によって得られる $M = \sum_{j=1}^{r} f_j C$ と因子 D_0 とによって，$L = \{(g) + D_0 \mid 0 \neq g \in M\}$ となるようにする．$\dim L = r$ であるから，$c_1 f_1 + \cdots + c_r f_r = 0$ $(c_j \in C)$ となるのは $c_1 = \cdots = c_r = 0$ のときだけである．P が固定点でないから，L に属する因子 D_1 で，P を通らないものがある．$D_0 - D_1 = (h)$ となる関数があるので，これ

を用いると $L=\{(g')+D_1 \mid 0 \neq g' \in hM\}$ となる. そして, $D_1 \in L$ であるから $1 \in hM$. したがって, $hM=h_1C+\cdots+h_rC$, $h_1=1$ としてよい. L に属する因子 $D^*=(g')+D_1$ に点 P が正の係数で現れるための必要十分条件は $g'(\mathrm{P})=0$ であるから, h_j についての条件で表せば $c_1h_1(\mathrm{P})+\cdots+c_rh_r(\mathrm{P})=0$ である. あとは定理4.3.1 の証明の後半と同様である.

(2) ① $D=\mathrm{P}_1+\cdots+\mathrm{P}_s (s<r;\ i \neq j$ でも, $\mathrm{P}_i \neq \mathrm{P}_j$ とは限らない) とする. s についての帰納法を利用しよう. $s=1$ の場合は(1)によってわかる. $s>1$ の場合, $L_1=\{D'+\mathrm{P}_s \mid D'+\mathrm{P}_s \in L, D'$ には P_s が負の係数で現れることはない$\}$ とすると, (1)によって, L_1 は線型系であって, その次元は, P_s が L の固定点であるか否かによって, r または $r-1$ である. このとき, $L_1^*=\{D' \mid D'+\mathrm{P}_s \in L_1\}$ は次元が $\dim L_1$ と等しい線型系になる. 帰納法の仮定により, $L_1^*, D^*=\mathrm{P}_1+\cdots+\mathrm{P}_{s-1}$ に対し, 適当な正の因子 D'' を取れば, $\mathrm{D}^*+D'' \in L_1^*$. すると, $D+D'' \in L$.

② $r=1$ の場合を含めて証明する. r についての帰納法を利用する. $r=1$ ならば, L はただ一つの因子からなる: $L=\{\mathrm{Q}_1+\cdots+\mathrm{Q}_s\}$ であれば, これら Q_j 以外の点 P $(\in C^*)$ を選べばよい. $r>1$ の場合, L の固定点ではない点 P_1 を選び, ①の L_1, L_1^* と同様にして, $L_1'=\{D''+\mathrm{P}_1 \mid D''+\mathrm{P}_1 \in L, D''$ には P_1 が負の係数で現れることはない$\}$ および, $L_1''=\{D'' \mid D''+\mathrm{P}_1 \in L_1'\}$ を考える. (1)により $\dim L_1''=r-1$ であるから, 次数 $r-1$ の因子 D^* を適当に選べば, $D+D^* \in L_1''$ となるような正の因子 D が存在しない (帰納法の仮定) から, $D''=D^*+\mathrm{P}_1$ とすれば, $D+D'' \in L$ となるような正の因子 D は存在しない.

第10章

10.1. 問 (1) 曲線 $yz=x^2$ の場合: 座標の比 $x/z, y/z$ を曲線に制限して得られる関数を t, u で表そう. 関係式 $t^2=u$ が得られる. そこで, 微分形式 dt の因子を計算する. アフィン平面 $z \neq 0$ にある部分 C_0 では t が局所パラメーターであるから C_0 の点は (dt) には現れない. $t^2=u$ から,

$2tdt=du$ が得られる.

$z=0$ 上にある曲線の点は $(0,1,0)$ だけである.この点を P で表そう.P では $t^*=t/u$ $(=x/y)$, $u^*=u^{-1}$ $(=z/y)$ が正則であり,$t^{*2}=t^2/u^2=1/u=u^*$ がそれらの間の関係式になるから,t^* が P における局所パラメーターである.$dt^*=d(t/u)=(udt-tdu)/u^2=(udt-2t^2dt)/u^2=-udt/u^2=-u^*dt=-t^{*2}dt$ したがって,$dt=-t^{*2}dt^*$ であり $(dt)=-2\mathrm{P}$.

(2) 曲線 $x^2+y^2=z^2$ の場合:一つの方法は $x^2=z^2-y^2=(z-y)(z+y)$ を利用して,$Z=z-y$, $Y=z+y$ とおけば,$x^2=YZ$ となり,上の計算を利用することができる.

以下では,直接の計算による方法で示そう.座標の比 x/y, y/z をこの曲線に制限して得られる関数を t, u で表そう.関係式 $t^2+u^2=1$ が得られる.このときの因子 (du) を計算しよう.$2tdt+2udu=0$ であるから,$du=-(t/u)dt$ が得られる.

曲線上の点 $\mathrm{P}(a,b,c)$ を考える.

① $ac\neq0$ のとき:$c=1$ としてよい.$t'=t-a$, $u'=u-b$ とおく.$t=t'+a$, $u=u'+b$ であるから,$2at'+2bu'+t'^2+u'^2=0$ が関係式になり,u' は P における局所パラメーターである.また,$du=du'$ であるから,P は (du) には現れない.

② $a=0$ のとき:$bc\neq0$ であるから,$c=1$ としてよい.$b=\pm1$ である.すると,上の t' が P における局所パラメーターであり,$2bu'+t'^2+u'^2=0$ $(t=t')$ が関係式になる.ゆえに,t は P を位数 1 の零点にもつ.さて,$du=-(t/u)dt=-(t/u)dt'$ において,u は P で正則であり,t の零点の位数が 1 であるから,t/u は P を位数 1 の零点にもつ.ゆえに,$\mathrm{P}_b=\mathrm{P}(0,b,1)$ $(b=\pm1)$ は (dt) に係数 1 で現れる.

③ $c=0$ のとき:$ab\neq0$ であるから,$b=1$ としてよい.すると,$a=\pm i$ (i は虚数単位)である.座標の比として得られる関数のうち,注目すべきは,$x/y=t/u$, $z/y=u^{-1}$ である.これらを,それぞれ,t^*, u^* で表そう.関係式は $t^{*2}+1=u^{*2}$ であるが,点 $\mathrm{P}_a=\mathrm{P}(a,1,0)$ では u^* は値 0 をとり,t^* は値 a $(=\pm i)$ をとるので,$T=t^*-a$ とおくと,関係式は $2aT$

$+T^2=u^{*2}$ になり，u^* は P_a における局所パラメーターである．$u^*=u^{-1}$ であるから，$du^*=-u^{-2}du=-^2u^{*2}du$．ゆえに，$du=-u^{*-2}du^*$ となり，点 $\mathrm{P}_a\,(a=\pm i)$ は (du) に係数 -2 で現れる．

以上をまとめると $(du)=\mathrm{P}_1+\mathrm{P}_{-1}-2\mathrm{P}_i-2\mathrm{P}_{-i}$ になる．

これらの曲線の場合，多様体としては射影直線と同じであるので，次数の等しい因子は互いに線型同値であるから，次数 -2 の因子はすべて標準因子であることに注意せよ．

第11章

11.1. **問1** $f(x_1,\cdots,x_n)=g(x_1,\cdots,x_r)+h(x_{r+1},\cdots,x_n)$ であって，f，g，h が斉次であるから，これらの次数はすべて等しい．その次数を d としよう．さて，$f(x_1,\cdots,x_n)$ が因数分解したとして，その分解を

$$k(x_1,\cdots,x_n)k'(x_1,\cdots,x_n)$$

とする．次数を比べれば，$k(x_1,\cdots,x_n)$，$k'(x_1,\cdots,x_n)$ ともに斉次式である．他方，$k(x_1,\cdots,x_n)$，$k'(x_1,\cdots,x_n)$ に，$x_{r+1}=x_{r+2}=\cdots=x_n=0$ を代入すれば $g(x_1,\cdots,x_r)$ になるのであるから，それは $g(x_1,\cdots,x_r)$ の因数分解を与える．それは g の既約性に反する．

問2 $x^2-y^2-z^2$ が因数分解すれば，各因数は1次斉次式であるから

$$x^2-y^2-z^2=(ax+by+cz)(a'x+b'y+c'z)\ (a,b,c,a',b',c'\in\boldsymbol{C})$$

となる．$aa'=1$，$bb'=-1$，$cc'=-1$，$ab'+ba'=ac'+ca'=bc'+cb'=0$ であるから，$a'=a^{-1}$，$b'=-b^{-1}$，$c'=-c^{-1}$，$-ab^{-1}+ba^{-1}=0$，$-ac^{-1}+ca^{-1}=0$，$bc^{-1}+cb^{-1}=0$．ゆえに，$a^2=b^2$，$a^2=c^2$，$b^2=-c^2$ が得られ，$b^2=c^2=0$ これは $bb'=1$ に反する．ゆえに，$x^2-y^2-z^2$ は既約である．

問1により，$w^2+x^2-y^2-z^2$ も既約である．

問3 曲面 $F:w^2+x^2-y^2-z^2=0$ の特異点は，左辺 f の偏導関数を利用して調べよう．$f_w=2w$，$f_x=2x$，$f_y=2y$，$f_z=2z$ であるから，これらの値をすべて0にする点は存在しない．ゆえに，定理11.1.1 により，F には特異点はない．

曲面 $F : x^2+2xy+y^2+2xw+2yw-2zw-z^2=0$ の特異点は左辺 f の偏導関数を利用して調べる。$f_w=2x+2y-2z$, $f_w=2x+2y+2w$, $f_y=2x+2y+2w$, $f_z=-2w-2z$ であるから，これらの値をすべて 0 にする点 (a, b, c, d) の条件は

$$b+c-d=0, \quad a+b+c=0, \quad a+d=0$$

にまとめられる。第 2 式は最初と最後の 2 式の差として得られるから，最初と最後の 2 式だけでよい。他方，この曲面は 2 平面 $x+y+z+2w=0$, $x+y-z=0$ の和集合であるが，$(x+y+z+2w)-(x+y-z)=2w+2z$ であるから，この 2 平面の交わりは，$x+y-z=0$, $w+z=0$ を連立させた解の集合と一致するので，それは特異点全体と一致する。

11.2. 問 (1) $P \times \boldsymbol{P}^1=\{(P, S) \mid S \in \boldsymbol{P}^1\}$, $Q \times \boldsymbol{P}^1=\{(Q, S) \mid S \in \boldsymbol{P}^1\}$ あって，$P \neq Q$ であるから，$P \times \boldsymbol{P}^1$ と $Q \times \boldsymbol{P}^1$ には共通点はない。

(2) P, Q の座標が，それぞれ，(a, b), (c, d) であれば，$a : b \neq c : d$, すなわち，$ad \neq bc$, であって，$P \times \boldsymbol{P}^1$ の方程式は $bw=ay$ …①, $bx=az$ …②; $Q \times \boldsymbol{P}^1$ の方程式は $dw=cy$ …③, $dx=cz$ …④である。共通点はこれら 4 式をすべてみたすから，4 式を連立させると，

①$\times c$－③$\times a$: $(bc-ad)w=0$ ∴ $w=0$
①$\times d$－③$\times b$: $0=(ad-bc)y$ ∴ $y=0$
②$\times c$－④$\times a$: $(bc-ad)x=0$ ∴ $x=0$
②$\times d$－④$\times b$: $0=(ad-bc)z$ ∴ $z=0$

ゆえに，共通点はない。

著者紹介：

永田　雅宜 （ながた・まさよし）
昭和 2 年生まれ
京都大学名誉教授，理学博士

■著書

集合論入門，森北出版，2003
抽象代数への入門，朝倉書店，2005
大学院への代数学演習，現代数学社，2006
群論への招待，現代数学社，2007
可換環論，紀伊國屋書店，2008
復刊 近代代数学，秋月康夫・永田雅宜共著，共立出版，2012
新訂 新修代数学，現代数学社，2017 年

ほか

初学者のための代数幾何

2020 年 5 月 20 日	初 版 1 刷発行
2020 年 12 月 15 日	初 版 2 刷発行

検印省略

© Masayoshi Nagata, 2020
Printed in Japan

著　者　　永田雅宜
発行者　　富田　淳
発行所　　株式会社　現代数学社
　　　　　〒606-8425 京都市左京区鹿ヶ谷西寺ノ前町 1
　　　　　TEL 075 (751) 0727　FAX 075 (744) 0906
　　　　　https://www.gensu.co.jp/

装　　幀　　中西真一（株式会社 CANVAS）
印刷・製本　　有限会社 ニシダ印刷製本

ISBN 978-4-7687-0534-6